法規隨身讀

第一冊 建築基本法規

建築法規隨身讀

編者簡介

江軍

曾留學於美國、日本、英國並具備建築、設計及營建、土木工程多重背景，曾任職於建築師事務所、營造廠及建設公司，具有近十年建築相關授課經驗，於多所大專院校及機關單位授課、演講數百場，建築相關領域著作逾二十本及證照百餘張。

學歷：

- 國立台灣科技大學設計學院建築研究所博士候選人
- 英國劍橋大學 (University of Cambridge) 環境設計碩士
- 國立台灣大學土木工程研究所 營建工程與管理碩士
- 法國巴黎高等商學院 (HEC Paris) 創新創業碩士 (在學)
- 國立台灣科技大學建築研究所 物業與設施管理學程
- 國立台灣科技大學建築系學士
- 國立台灣科技大學營建工程系學士

專業資格及證照：

- 美國麻省理工學院 Commercial Real Estate Analysis and Investment 結業
- 南非開普敦大學(University of Cape Town) 土地開發與投資證書
- 日本早稻田大学 日本語教育研究科 JLP 結業
- 教育部專科學校畢業程度自學進修學力鑑定- 建築工程科
- 英國皇家特許測量師(MRICS)、職業安全管理甲級、營造工程管理甲級、建築工程管理甲級、職業安全衛生管理乙級、建築工程管理乙級、建築物室內裝修工程管理乙級、營造工程管理乙級、工程測量乙級、裝潢木工乙級、建築物公共安全檢查認可證、建築物室內裝修專業技術人員登記證、消防設備士、國際專案管理師 PMP、LEED-AP、WELL-AP、日本 Sick-house 病態建築二級診斷士等。

經歷：

- 力信建設開發集團 董事長特助
- 中華工程股份有限公司 工程師
- 博納實業有限公司 負責人

教學經驗：

- 中國文化大學推廣教育部 授課講師
- 國立台灣大學 土木系助教
- 宜蘭縣勞工教育協進會 講師
- 致理科技大學 業界專家講師
- 黎明技術學院 業界專家講師

相關著作與專利：

- 工地主任試題精選解析
- 最詳細！營造工程管理全攻略
- 建築工程管理技能檢定全攻略｜最詳細甲乙級學術科試題解析
- <世界名師經典>圖解綠建築
- 智取 建築工程管理乙級技術士術科破解攻略
- 智取 建築工程管理乙級技術士重點精解暨學科破解攻略
- LEED AP BD+C建築設計與施工應考攻略
- 一種牆體用的吸音建築隔板(中國新型實用專利)
- 一種用於建築工地的隔音牆體(中國新型實用專利)

建築法規隨身讀 使用說明

親愛的讀者，您好：

非常感謝您購買本系列套書。對於建築領域的考生或是從業人員來說，建築法規的系統不僅多且繁雜，內容牽涉到許多數字與時間的記憶，更是常常讓人無所適從。因此，我們特別開發了本系列「隨身讀」法規叢書，讓您不論是工作上的需求或是考試需要記憶，都可以放在口袋中隨時翻閱，不再需要厚重的法規叢書，定可讓您一舉摘金。

本書設計特色，請您務必詳閱，定能使本書發揮最大功效：

1. 依照專業類別分冊設計，您不需要一次攜帶全部的法規書。

2. 重點分別以一~三顆星，表示法規之重要程度。

3. 法條文字以橘色字體搭配紅色遮色片，讓您加強關鍵字記憶。

本書符號與標示說明：

NEW = 新修法條，根據本書出版年份最新修正的法條在前面以此符號表示。

★ = 重要度，本書以星號數作為重要度指標，三顆星為最重要，星號越少代表重要程度越低。

📖 = 參考法規附件，由於本書只收錄最重要之法規表格與附件，其他附表與附件請自行至全國法規資料庫下載。

重點 = 重要關鍵字，搭配書後紅色遮色片遮住後關鍵字即會消失。

(刪除) = 法條刪除，已刪除的法條為了避免遺漏，還是會標註於後方。

> 補充重點用框表示，中間可能有編者的額外補充說明。

敬祝 平安順心 試試順利

編者 江軍 謹誌

建築基本法規 目錄

第一章

建築法

民國 109 年 01 月 15 日

 總則

第1條
★★☆
○check

為實施建築管理,以維護<u>公共安全</u>、<u>公共交通</u>、<u>公共衛生</u>及增進<u>市容</u>觀瞻,特制定本法;本法未規定者,適用其他法律之規定。

第2條
☆☆☆
○check

主管建築機關,在中央為<u>內政部</u>;在直轄市為<u>直轄市政府</u>;在縣(市)為縣(市)政府。
在第三條規定之地區,如以特設之管理機關為主管建築機關者,應經內政部之核定。

第3條
★☆☆
○check

本法適用地區如左:
一、 實施<u>都市計畫</u>地區。
二、 實施<u>區域計畫</u>地區。
三、 經<u>內政部指定</u>地區。
前項地區外供公眾使用及公有建築物,本法亦適用之。

第一項第二款之適用範圍、申請建築之審查許可、施工管理及使用管理等事項之辦法，由中央主管建築機關定之。

第4條
★★★
○check

本法所稱建築物，為定著於土地上或地面下具有頂蓋、樑柱或牆壁，供個人或公眾使用之構造物或雜項工作物。

第5條
★★★
○check

本法所稱供公眾使用之建築物，為供公眾工作、營業、居住、遊覽、娛樂及其他供公眾使用之建築物。

第6條
★★☆
○check

本法所稱公有建築物，為政府機關、公營事業機構、自治團體及具有紀念性之建築物。

第7條
★★★
○check

本法所稱雜項工作物，為營業爐竈、水塔、瞭望臺、招牌廣告、樹立廣告、散裝倉、廣播塔、煙囪、圍牆、機械遊樂設施、游泳池、地下儲藏庫、建築所需駁崁、挖填土石方等工程及建築物興建完成後增設之中央系統空氣調節設備、昇降設備、機械停車設備、防空避難設備、污物處理設施等。

第8條
★★★
○check

本法所稱建築物之主要構造，為<u>基礎</u>、<u>主要樑柱</u>、<u>承重牆壁</u>、<u>樓地板</u>及<u>屋頂</u>之構造。

第9條
★★★
○check

本法所稱建造，係指左列行為：

一、<u>新建</u>：為<u>新建造</u>之建築物或將原建築物<u>全部拆除而重行建築</u>者。

二、<u>增建</u>：於原建築物<u>增加其面積或高度</u>者。但以<u>過廊</u>與原建築物連接者，應視為新建。

三、<u>改建</u>：將建築物之<u>一部分拆除</u>，於原建築基地範圍內<u>改造</u>，而<u>不增高或擴大</u>面積者。

四、<u>修建</u>：建築物之基礎、樑柱、承重牆壁、樓地板、屋架及屋頂，其中任何一種<u>有過半之修理或變更</u>者。

第10條
★★☆
○check

本法所稱建築物設備，為敷設於建築物之<u>電力</u>、<u>電信</u>、<u>煤氣</u>、<u>給水</u>、<u>污水</u>、<u>排水</u>、<u>空氣調節</u>、<u>昇降</u>、<u>消防</u>、消雷、防空避難、污物處理及保護民眾隱私權等設備。

第11條
★☆☆
○check

本法所稱建築基地，為供建築物<u>本身所占之地面</u>及其所應留設之<u>法定空地</u>。建築基地原為數宗者，於申請建築前應合併為一宗。

前項法定空地之留設，應包括建築物與其前後左右之道路或其他建築物間之距離，其寬度於建築管理規則中定之。

應留設之<u>法定空地</u>，非依規定<u>不得分割</u>、<u>移轉</u>，並不得重複使用；其分割要件及申請核發程序等事項之辦法，由中央主管建築機關定之。

第12條
★☆☆
○check

本法所稱建築物之<u>起造人</u>，為<u>建造該建築物</u>之<u>申請人</u>，其為未成年或受監護宣告之人，由其法定代理人代為申請；本法規定之義務與責任，亦由法定代理人負之。起造人為政府機關公營事業機構、團體或法人者，由其負責人申請之，並由負責人負本法規定之義務與責任。

第13條
★★☆
○check

本法所稱建築物<u>設計人</u>及<u>監造人</u>為建築師，以依法登記<u>開業之建築師</u>為限。但有關建築物結構及

設備等專業工程部分，除**5層以下非供公眾**使用之建築物外，應由承辦建築師交由依法登記開業之專業工業技師負責辦理，建築師並負連帶責任。

公有建築物之設計人及監造人，得由起造之政府機關、公營事業機構或自治團體內，依法取得建築師或專業工業技師證書者任之。

開業建築師及專業工業技師不能適應各該地方之需要時，縣(市)政府得報經內政部核准，不受前二項之限制。

第14條
★☆☆
〇check

本法所稱建築物之承造人為營造業，以依法登記開業之營造廠商為限。

第15條
★★☆
〇check

營造業應設置專任工程人員，負承攬工程之施工責任。

營造業之管理規則，由內政部定之。

外國營造業設立，應經中央主管建築機關之許可，依公司法申請認許或依商業登記法辦理登記，並應依前項管理規則之規定領得

營造業登記證書及承攬工程手冊，始得營業。

第16條
★☆☆
〇check

建築物及雜項工作物造價在一定金額以下或規模在一定標準以下者，得免由建築師設計，或監造或營造業承造。

前項造價金額或規模標準，由直轄市、縣(市)政府於建築管理規則中定之。

第17條 (刪除)

第18條 (刪除)

第19條
☆☆☆
〇check

內政部、直轄市、縣(市)政府得製訂各種標準建築圖樣及說明書，以供人民選用；人民選用標準圖樣申請建築時，得免由建築師設計及簽章。

第20條
☆☆☆
〇check

中央主管建築機關對於直轄市、縣(市)建築管理業務，應負指導、考核之責。

第 二 章 建築許可

第21條
~
第23條
★☆☆
○check

(刪除)

(刪除)

第24條
★☆☆
○check

公有建築應由起造機關將核定或決定之<u>建築計畫</u>、<u>工程圖樣及說明書</u>，向直轄市、縣(市)(局)主管建築機關請領<u>建築執照</u>。

第25條
☆☆☆
○check

建築物非經申請直轄市、縣(市)(局)主管建築機關之審查許可並發給執照，不得擅自建造或使用或拆除。但合於第七十八條及第九十八條規定者，不在此限。

直轄市、縣(市)(局)主管建築機關為處理擅自建造或使用或拆除之建築物，得派員攜帶證明文件，進入公私有土地或建築物內勘查。

第26條
☆☆☆
○check

直轄市、縣(市)(局)主管建築機關依本法規定核發之執照，僅為對申請<u>建造</u>、<u>使用</u>或拆除之許可。

建築物起造人、或設計人、或監造人、或承造人，如有侵害他人財產，或肇致危險或傷害他人時，應視其情形，分別依法負其責任。

第27條
☆☆☆
○check

非縣(局)政府所在地之鄉、鎮，適用本法之地區，非供公眾使用之建築物或雜項工作物，得委由鄉、鎮(縣轄市)公所依規定核發執照。鄉、鎮(縣轄市)公所核發執照，應<u>每半年</u>彙報縣(局)政府備案。

第28條
★★★
○check

建築執照分左列四種：

一、<u>建造</u>執照：建築物之<u>新建</u>、<u>增建</u>、<u>改建</u>及<u>修建</u>，應請領建造執照。

二、<u>雜項</u>執照：<u>雜項工作物</u>之建築，應請領雜項執照。

三、<u>使用</u>執照：建築物建造完成後之<u>使用</u>或<u>變更使用</u>，應請領使用執照。

四、<u>拆除</u>執照：建築物之<u>拆除</u>，應請領拆除執照。

第29條
☆☆☆
○check

直轄市、縣(市)(局)主管建築機關核發執照時，應依左列規定，向建築物之起造人或所有人收取規費或工本費：

一、建造執照及雜項執照：按建築物<u>造價</u>或雜項工作物造價收取<u>1‰</u>以下之規費。如有變

更設計時，應按變更部分收取1‰以下之規費。

二、 使用執照：收取執照工本費。

三、 拆除執照：免費發給。

第30條
★★☆
○check

起造人申請建造執照或雜項執照時，應備具申請書、土地權利證明文件、工程圖樣及說明書。

第31條
★★★
○check

建造執照或雜項執照申請書，應載明左列事項：

一、 起造人之姓名、年齡、住址。起造人為法人者，其名稱及事務所。

二、 設計人之姓名、住址、所領證書字號及簽章。

三、 建築地址。

四、 基地面積、建築面積、基地面積與建築面積之百分比。

五、 建築物用途。

六、 工程概算。

七、 建築期限。

第32條
★★★
○check

工程圖樣及說明書應包括左列各款：

一、 基地位置圖。

二、 地盤圖，其比例尺不得小於1/1200。

三、 建築物之<u>平</u>面、<u>立</u>面、<u>剖</u>面圖，其比例尺不得小於 1/200。

四、 建築物各部之尺寸<u>構造及材料</u>，其比例尺不得小於 1/30。

五、 直轄市、縣(市)主管建築機關規定之必要<u>結構計算書</u>。

六、 直轄市、縣(市)主管建築機關規定之必要建築物<u>設備圖說</u>及設備計算書。

七、 新舊<u>溝渠</u>及出水方向。

八、 <u>施工說明書</u>。

第33條
★☆☆
○check

直轄市、縣(市)(局)主管建築機關收到起造人申請建造執照或雜項執照書件之日起，應於<u>10日內</u>審查完竣，合格者即發給執照。但供公眾使用或構造複雜者，得視需要予以延長，最長不得超過<u>30日</u>。

第34條
☆☆☆
○check

直轄市、縣(市)(局)主管建築機關審查或鑑定建築物工程圖樣及說明書，應就規定項目為之，其餘項目由建築師或建築師及專業工業技師依本法規定簽證負責。對於特殊結構或設備之建築物並得委託或指定具有該項學識及經

驗之專家或機關、團體為之；其委託或指定之審查或鑑定費用由起造人負擔。

前項規定項目之審查或鑑定人員以大、專有關系、科畢業或高等考試或相當於高等考試以上之特種考試相關類科考試及格，經依法任用，並具有3年以上工程經驗者為限。

第一項之規定項目及收費標準，由內政部定之。

第34-1條 起造人於申請建造執照前，得先
☆☆☆ 列舉建築有關事項，並檢附圖樣，
○check 繳納費用，申請直轄市、縣(市)主管建築機關預為審查。審查時應特重建築結構之安全。

前項列舉事項經審定合格者，起造人自審定合格之日起6個月內，依審定結果申請建造執照，直轄市、縣(市)主管建築機關就其審定事項應予認可。

第一項預審之項目與其申請、審查程序及收費基準等事項之辦法，由中央主管建築機關定之。

第35條
☆☆☆
◯check

直轄市、縣(市)(局)主管建築機關，對於申請建造執照或雜項執照案件，認為不合本法規定或基於本法所發布之命令或妨礙當地都市計畫或區域計畫有關規定者，應將其不合條款之處，詳為列舉，依第三十三條所規定之期限，1次通知起造人，令其改正。

第36條
★☆☆
◯check

起造人應於接獲第1次通知改正之日起6個月內，依照通知改正事項改正完竣送請復審；屆期未送請復審或復審仍不合規定者，主管建築機關得將該申請案件予以駁回。

第37條　(刪除)

第38條　(刪除)

第39條
★★☆
◯check

起造人應依照核定工程圖樣及說明書施工；如於興工前或施工中變更設計時，仍應依照本法申請辦理。但不變更主要構造或位置，不增加高度或面積，不變更建築物設備內容或位置者，得於竣工後，備具竣工平面、立面圖，1次報驗。

第40條
★☆☆
○check

起造人領得建築執照後，如有遺失，應刊登新聞紙或新聞電子報作廢，申請補發。

原發照機關，應於收到前項申請之日起，**5日**內補發，並另收取執照工本費。

第41條
☆☆☆
○check

起造人自接獲通知領取建造執照或雜項執照之日起，逾**3個月**未領取者，主管建築機關得將該執照予以廢止。

第三章 建築基地

第42條
☆☆☆
○check

建築基地與建築線應相連接，其接連部分之最小寬度，由直轄市、縣(市)主管建築機關統一規定。但因該建築物周圍有廣場或永久性之空地等情形，經直轄市、縣(市)主管建築機關認為安全上無礙者，其寬度得不受限制。

第43條
★☆☆
○check

建築物基地地面，應高出所臨接道路邊界處之路面；建築物底層地板面，應高出基地地面，但對於基地內之排水無礙，或因建築物用途上之需要，另有適當之防

水及排水設備者，不在此限。

建築物設有騎樓者，其地平面不得與鄰接之騎樓地平面高低不平。但因地勢關係，經直轄市、縣(市)(局)主管機關核准者，不在此限。

第44條
★☆☆
○check

直轄市、縣(市)(局)政府應視當地實際情形，規定建築基地最小面積之寬度及深度；建築基地面積畸零狹小不合規定者，非與鄰接土地協議調整地形或合併使用，達到規定最小面積之寬度及深度，不得建築。

第45條
☆☆☆
○check

前條基地所有權人與鄰接土地所有權人於不能達成協議時，得申請調處，直轄市、縣(市)(局)政府應於收到申請之日起1個月內予以調處；調處不成時，基地所有權人或鄰接土地所有權人得就規定最小面積之寬度及深度範圍內之土地按徵收補償金額預繳承買價款申請該管地方政府徵收後辦理出售。徵收之補償，土地以市價為準，建築物以重建價格為準，所有權人如有爭議，由標準

地價評議委員會評定之。

徵收土地之出售，不受土地法第二十五條程序限制。辦理出售時應予公告30日，並通知申請人，經公告期滿無其他利害關係人聲明異議者，即出售予申請人，發給權利移轉證明書；如有異議，公開標售之。但原申請人有優先承購權。標售所得超過徵收補償者，其超過部分發給被徵收之原土地所有權人。

第一項範圍內之土地，屬於公有者，准照該宗土地或相鄰土地當期土地公告現值讓售鄰接土地所有權人。

第46條
☆☆☆
◯check

直轄市、縣(市)主管建築機關應依照前二條規定，並視當地實際情形，訂定畸零地使用規則，報經內政部核定後發布實施。

第47條
★☆☆
◯check

易受海潮、海嘯侵襲、洪水泛濫及土地崩塌之地區，如無確保安全之防護設施者，直轄市、縣(市)(局)主管建築機關應商同有關機關劃定範圍予以發布，並豎立標誌，禁止在該地區範圍內建築。

第四章 建築界限

第48條
☆☆☆
○check

直轄市、縣(市)(局)主管建築機關,應指定已經公告道路之境界線為建築線。但都市細部計畫規定須退縮建築時,從其規定。

前項以外之現有巷道,直轄市、縣(市)(局)主管建築機關,認有必要時得另定建築線;其辦法於建築管理規則中定之。

第49條
☆☆☆
○check

在依法公布尚未闢築或拓寬之道路線兩旁建造建築物,應依照直轄市、縣(市)(局)主管建築機關指定之建築線退讓。

第50條
☆☆☆
○check

直轄市、縣(市)主管建築機關基於維護交通安全、景致觀瞻或其他需要,對於道路交叉口及面臨河湖、廣場等地帶之申請建築,得訂定退讓辦法令其退讓。

前項退讓辦法,應報請內政部核定。

第51條
★★☆
○check

建築物不得突出於建築線之外,但紀念性建築物,以及在公益上或短期內有需要且無礙交通之建築物,經直轄市、縣(市)(局)主

管建築機關許可其突出者，不在此限。

第52條
☆☆☆
〇check

依第四十九條、第五十條退讓之土地，由直轄市、縣(市)(局)政府依法徵收。其地價補償，依都市計畫法規定辦理。

第 五 章 施工管理

第53條
★★★
〇check

直轄市、縣(市)主管建築機關，於發給建造執照或雜項執照時，應依照建築期限基準之規定，核定其建築期限。

前項建築期限，以<u>開工之日</u>起算。承造人因故未能於建築期限內完工時，得申請展期<u>1年</u>，並以<u>1次</u>為限。未依規定申請展期，或已逾展期期限仍未完工者，其建造執照或雜項執照自規定得展期之期限屆滿之日起，失其效力。

第一項建築期限基準，於建築管理規則中定之。

第54條
★★★
〇check

起造人自領得建造執照或雜項執照之日起，應於<u>6個月</u>內開工；並應於開工前，會同承造人及監

造人將開工日期，連同姓名或名稱、住址、證書字號及承造人施工計畫書，申請該管主管建築機關備查。

起造人因故不能於前項期限內開工時，應敘明原因，申請展期1次，期限為3個月。未依規定申請展期，或已逾展期期限仍未開工者，其建造執照或雜項執照自規定得展期之期限屆滿之日起，失其效力。

第一項施工計畫書應包括之內容，於建築管理規則中定之。

第55條
★★☆
○check

起造人領得建造執照或雜項執照後，如有左列各款情事之一者，應即申報該管主管建築機關備案：

一、變更起造人。

二、變更承造人。

三、變更監造人。

四、工程中止或廢止。

前項中止之工程，其可供使用部分，應由起造人依照規定辦理變更設計，申請使用；其不堪供使用部分，由起造人拆除之。

第56條
★☆☆
○check

建築工程中必須勘驗部分,應由直轄市、縣(市)主管建築機關於核定建築計畫時,指定由承造人會同監造人按時申報後,方得繼續施工,主管建築機關得隨時勘驗之。

前項建築工程必須勘驗部分、勘驗項目、勘驗方式、勘驗紀錄保存年限、申報規定及起造人、承造人、監造人應配合事項,於建築管理規則中定之。

第57條 (刪除)

第58條
★★☆
○check

建築物在施工中,直轄市、縣(市)(局)主管建築機關認有必要時,得隨時加以勘驗,發現左列情事之一者,應以書面通知承造人或起造人或監造人,勒令停工或修改;必要時,得強制拆除:

一、 妨礙都市計畫者。

二、 妨礙區域計畫者。

三、 危害公共安全者。

四、 妨礙公共交通者。

五、 妨礙公共衛生者。

六、 主要構造或位置或高度或面積與核定工程圖樣及說明書

　　　　　　　不符者。

七、 違反本法其他規定或基於本
　　　法所發布之命令者。

第59條
★☆☆
○check

直轄市、縣(市)(局)主管建築
機關因都市計畫或區域計畫之變
更，對已領有執照尚未開工或正
在施工中之建築物，如有妨礙變
更後之都市計畫或區域計畫者，
得令其停工，另依規定，辦理變
更設計。

起造人因前項規定必須拆除其建
築物時，直轄市、縣(市)(局)政
府應對該建築物拆除之一部或全
部，按照市價補償之。

第60條
★☆☆
○check

建築物由監造人負責監造，其施
工不合規定或肇致起造人蒙受損
失時，賠償責任，依左列規定：

一、 監造人認為不合規定或承造
　　　人擅自施工，至必須修改、
　　　拆除、重建或予補強，經主
　　　管建築機關認定者，由承造
　　　人負賠償責任。

二、 承造人未按核准圖說施工，
　　　而監造人認為合格經直轄
　　　市、縣(市)(局)主管建築機

關勘驗不合規定，必須修改、拆除、重建或補強者，由承造人負賠償責任，承造人之<u>專任工程人員</u>及<u>監造人</u>負連帶責任。

第61條
☆☆☆
○check

建築物在施工中，如有第五十八條各款情事之一時，監造人應分別通知承造人及起造人修改；其未依照規定修改者，應即申報該管主管建築機關處理。

第62條
☆☆☆
○check

主管建築機關派員勘驗時，勘驗人員應出示其身分證明文件；其未出示身分證明文件者，起造人、承造人或監造人得拒絕勘驗。

第63條
★☆☆
○check

建築物施工場所，應有維護安全、防範危險及預防火災之適當設備或措施。

第64條
★☆☆
○check

建築物施工時，其建築材料及機具之堆放，不得妨礙交通及公共安全。

第65條
★☆☆
○check

凡在建築工地使用機械施工者，應遵守左列規定：
一、不得作其使用<u>目的以外之用</u>

途，並不得超過其性能範圍。

二、 應備有掣動裝置及操作上所必要之信號裝置。

三、 自身不能穩定者，應扶以撐柱或拉索。

第66條
★★☆
○check

2層以上建築物施工時，其施工部分距離道路境界線或基地境界線不足2公尺半者，或5層以上建築物施工時，應設置防止物體墜落之適當圍籬。

第67條
★☆☆
○check

主管建築機關對於建築工程施工方法或施工設備，發生激烈震動或噪音及灰塵散播，有妨礙附近之安全或安寧者，得令其作必要之措施或限制其作業時間。

第68條
☆☆☆
○check

承造人在建築物施工中，不得損及道路，溝渠等公共設施；如必須損壞時，應先申報各該主管機關核准，並規定施工期間之維護標準與責任，及損壞原因消失後之修復責任與期限，始得進行該部分工程。

前項損壞部分，應在損壞原因消失後即予修復。

第69條
★☆☆
○check

建築物在施工中，鄰接其他建築物施行挖土工程時，對該鄰接建築物應視需要作<u>防護其傾斜</u>或<u>倒壞</u>之措施。挖土深度在<u>1公尺半</u>以上者，其防護措施之設計圖樣及說明書，應於申請建造執照或雜項執照時一併送審。

第六章 使用管理

第70條
★☆☆
○check

建築工程完竣後，應由起造人會同承造人及監造人申請使用執照。直轄市、縣(市)(局)主管建築機關應自接到申請之日起，<u>10日</u>內派員查驗完竣。其<u>主要構造</u>、室內<u>隔間</u>及建築物<u>主要設備</u>等與設計圖樣相符者，發給使用執照，並得核發謄本；不相符者，1次通知其修改後，再報請查驗。

但供公眾使用建築物之查驗期限，得展延為<u>20日</u>。

建築物無承造人或監造人，或承造人、監造人無正當理由，經建築爭議事件評審委員會評審後而拒不會同或無法會同者，由起造人單獨申請之。

第一項主要設備之認定，於建築管理規則中定之。

第70-1條
☆☆☆
○check

建築工程部分完竣後可供獨立使用者，得核發部分使用執照；其效力、適用範圍、申請程序及查驗規定等事項之辦法，由中央主管建築機關定之。

第71條
★☆☆
○check

申請使用執照，應備具申請書，並檢附左列各件：
一、原領之建造執照或雜項執照。
二、建築物竣工平面圖及立面圖。
建築物與核定工程圖樣完全相符者，免附竣工平面圖及立面圖。

第72條
☆☆☆
○check

供公眾使用之建築物，依第七十條之規定申請使用執照時，直轄市、縣(市)(局)主管建築機關應會同消防主管機關檢查其消防設備，合格後方得發給使用執照。

第73條
★☆☆
○check

建築物非經領得使用執照，不准接水、接電及使用。但直轄市、縣(市)政府認有左列各款情事之一者，得另定建築物接用水、電

相關規定：

一、偏遠地區且非屬都市計畫地區之建築物。

二、因興辦公共設施所需而拆遷具整建需要且無礙都市計畫發展之建築物。

三、天然災害損壞需安置及修復之建築物。

四、其他有迫切民生需要之建築物。

建築物應依核定之使用類組使用，其有變更使用類組或有第九條建造行為以外主要構造、防火區劃、防火避難設施、消防設備、停車空間及其他與原核定使用不合之變更者，應申請變更使用執照。但建築物在一定規模以下之使用變更，不在此限。

前項一定規模以下之免辦理變更使用執照相關規定，由直轄市、縣(市)主管建築機關定之。

第二項建築物之使用類組、變更使用之條件及程序等事項之辦法，由中央主管建築機關定之。

第74條
☆☆☆
◯check

申請變更使用執照,應備具申請書並檢附左列各件:
一、建築物之<u>原使用執照</u>或謄本。
二、變更用途之<u>說明書</u>。
三、變更供公眾使用者,其<u>結構計算書</u>與建築物室內<u>裝修及設備圖說</u>。

第75條
☆☆☆
◯check

直轄市、縣(市)(局)主管建築機關對於申請變更使用之檢查及發照期限,依第七十條之規定辦理。

第76條
☆☆☆
◯check

非供公眾使用建築物變更為供公眾使用,或原供公眾使用建築物變更為他種公眾使用時,直轄市、縣(市)(局)主管建築機關應檢查其<u>構造</u>、<u>設備</u>及<u>室內裝修</u>。其有關<u>消防安全設備</u>部分應會同消防主管機關檢查。

第77條
★☆☆
◯check

建築物所有權人、使用人應維護建築物合法使用與其<u>構造</u>及<u>設備</u>安全。
直轄市、縣(市)(局)主管建築機關對於建築物得隨時派員檢查其有關<u>公共安全</u>與<u>公共衛生</u>之構造與設備。

供公眾使用之建築物，應由建築物所有權人、使用人定期委託中央主管建築機關認可之專業機構或人員檢查簽證，其檢查簽證結果應向當地主管建築機關申報。非供公眾使用之建築物，經內政部認有必要時亦同。

前項檢查簽證結果，主管建築機關得隨時派員或定期會同各有關機關複查。

第三項之檢查簽證事項、檢查期間、申報方式及施行日期，由內政部定之。

第77-1條
☆☆☆
○check
為維護公共安全，供公眾使用或經中央主管建築機關認有必要之非供公眾使用之原有合法建築物防火避難設施及消防設備不符現行規定者，應視其實際情形，令其改善或改變其他用途；其申請改善程序、項目、內容及方式等事項之辦法，由中央主管建築機關定之。

第77-2條
★★☆
○check
建築物室內裝修應遵守左列規定：
一、 供公眾使用建築物之室內裝修應申請<u>審查許可</u>，非供公

眾使用建築物，經內政部認有必要時，亦同。但中央主管機關得授權建築師公會或其他相關專業技術團體審查。

二、 裝修材料應合於建築技術規則之規定。

三、 不得妨害或破壞防火避難設施、消防設備、防火區劃及主要構造。

四、 不得妨害或破壞保護民眾隱私權設施。

前項建築物室內裝修應由經內政部登記許可之室內裝修從業者辦理。

室內裝修從業者應經內政部登記許可，並依其業務範圍及責任執行業務。

前三項室內裝修申請審查許可程序、室內裝修從業者資格、申請登記許可程序、業務範圍及責任，由內政部定之。

第77-3條 機械遊樂設施應領得雜項執照，
☆☆☆
○check 由具有設置機械遊樂設施資格之承辦廠商施工竣竣，經竣工查驗

合格取得合格證明書，並依第二項第二款之規定投保意外責任險後，檢同保險證明文件及合格證明書，向直轄市、縣(市)主管建築機關申領使用執照；非經領得使用執照，不得使用。

機械遊樂設施經營者，應依下列規定管理使用其機械遊樂設施：

一、 應依核准使用期限使用。

二、 應依中央主管建築機關指定之設施項目及最低金額常時投保意外責任保險。

三、 應定期委託依法開業之相關專業技師、建築師或經中央主管建築機關指定之檢查機構、團體實施安全檢查。

四、 應置專任人員負責機械遊樂設施之管理操作。

五、 應置經考試及格或檢定合格之機電技術人員，負責經常性之保養、修護。

前項第三款安全檢查之次數，由該管直轄市、縣(市)主管建築機關定之，每年不得少於2次。必要時，並得實施全部或一部之不定期安全檢查。

第二項第三款安全檢查之結果，應申報直轄市、縣(市)主管建築機關處理；直轄市、縣(市)主管建築機關得隨時派員或定期會同各有關機關或委託相關機構、團體複查或抽查。

第一項、第二項及前項之申請雜項執照應檢附之文件、圖說、機械遊樂設施之承辦廠商資格、條件、竣工查驗方式、項目、合格證明書格式、投保意外責任險之設施項目及最低金額、安全檢查、方式、項目、受指定辦理檢查之機構、團體、資格、條件及安全檢查結果格式等事項之管理辦法，由中央主管建築機關定之。

第二項第二款之保險，其保險條款及保險費率，由金融監督管理委員會會同中央主管建築機關核定之。

第77-4條
★☆☆
○check

建築物昇降設備及機械停車設備，非經竣工檢查合格取得使用許可證，不得使用。

前項設備之管理人，應定期委託領有中央主管建築機關核發登記證之專業廠商負責維護保養，並

定期向直轄市、縣(市)主管建築機關或由直轄市、縣(市)主管建築機關委託經中央主管建築機關指定之檢查機構或團體申請<u>安全檢查</u>。管理人未申請者，直轄市、縣(市)主管建築機關應限期令其補行申請；屆期未申請者，停止其設備之使用。

前項安全檢查，由檢查機構或團體受理者，應指派領有中央主管建築機關核發檢查員證之<u>檢查員</u>辦理檢查；受指派之檢查員，不得為負責受檢設備之維護保養之專業廠商從業人員。直轄市、縣(市)主管建築機關並得委託受理安全檢查機構或團體核發使用許可證。

前項檢查結果，檢查機構或團體應定期彙報直轄市、縣(市)主管建築機關，直轄市、縣(市)主管建築機關得抽驗之；其抽驗不合格者，廢止其使用許可證。

第二項之專業廠商應依下列規定執行業務：

一、 應指派領有中央主管建築機關核發登記證之專業技術人員<u>安裝及維護</u>。

二、 應依原送直轄市、縣(市)主管建築機關備查之圖說資料安裝。

三、 應依中央主管建築機關指定之最低金額常時投保意外責任保險。

四、 應依規定保養台數,聘僱一定人數之專任專業技術人員。

五、 不得將專業廠商登記證提供他人使用或使用他人之登記證。

六、 應接受主管建築機關業務督導。

七、 訂約後應依約完成安裝或維護保養作業。

八、 報請核備之資料應與事實相符。

九、 設備經檢查機構檢查或主管建築機關抽驗不合格應即改善。

十、 受委託辦理申請安全檢查應於期限內申辦。

前項第一款之專業技術人員應依下列規定執行業務:

一、 不得將專業技術人員登記證提供他人使用或使用他人之登記證。

二、應據實記載維護保養結果。

三、應參加中央主管建築機關舉辦或委託之相關機構、團體辦理之訓練。

四、不得同時受聘於2家以上專業廠商。

第二項之檢查機構應依下列規定執行業務：

一、應具備執行業務之能力。

二、應據實申報檢查員異動資料。

三、申請檢查案件不得積壓。

四、應接受主管建築機關業務督導。

五、檢查員檢查不合格報請處理案件，應通知管理人限期改善，複檢不合格之設備，應即時轉報直轄市、縣(市)主管建築機關處理。

第三項之檢查員應依下列規定執行業務：

一、不得將檢查員證提供他人使用或使用他人之檢查員證。

二、應據實申報檢查結果，對於檢查不合格之設備應報請檢查機構處理。

三、 應參加中央主管建築機關舉辦或委託之相關機構、團體所舉辦之訓練。

四、 不得同時任職於2家以上檢查機構或團體。

五、 檢查發現昇降設備有<u>立即發生危害</u>公共安全之虞時，應即報告管理人停止使用，並儘速報告直轄市、縣(市)主管建築機關處理。

前八項設備申請使用許可證應檢附之文件、使用許可證有效期限、格式、維護保養期間、安全檢查期間、方式、項目、安全檢查結果與格式、受指定辦理安全檢查及受委託辦理訓練之機構或團體之資格、條件、專業廠商登記證、檢查員證、專業技術人員證核發之資格、條件、程序、格式、投保意外責任保險之最低金額、專業廠商聘僱專任專業技術人員之一定人數及保養設備台數等事項之管理辦法，由中央主管建築機關定之。

第五項第三款之保險，其保險條款及保險費率，由金融監督管理

委員會會同中央主管建築機關核
定之。

第七章 拆除管理

第78條
★☆☆
○check

建築物之拆除應先請領拆除執
照。但左列各款之建築物，無第
八十三條規定情形者不在此限：
一、第十六條規定之建築物及雜
項工作物。

> 第十六條：建築物及雜項工作物造價在
> 一定金額以下或規模在一定標準以下。

二、因實施都市計畫或拓闢道路
等經主管建築機關通知限期
拆除之建築物。
三、傾頹或朽壞有危險之虞必須
立即拆除之建築物。
四、違反本法或基於本法所發布
之命令規定，經主管建築機
關通知限期拆除或由主管建
築機關強制拆除之建築物。

第79條
☆☆☆
○check

申請拆除執照應備具申請書，並檢附建築物之權利證明文件或其他合法證明。

第80條
☆☆☆
○check

直轄市、縣(市)(局)主管建築機關應自收到前條書件之日起**5日**內審查完竣，合於規定者，發給拆除執照；不合者，予以駁回。

第81條
☆☆☆
○check

直轄市、縣(市)(局)主管建築機關對傾頹或朽壞而有危害公共安全之建築物，應通知所有人或占有人停止使用，並限期命所有人拆除；逾期未拆者，得強制拆除之。

前項建築物所有人住址不明無法通知者，得逕予公告強制拆除。

第82條
☆☆☆
○check

因地震、水災、風災、火災或其他重大事變，致建築物發生危險不及通知其所有人或占有人予以拆除時，得由該管主管建築機關逕予強制拆除。

第83條
☆☆☆
○check

經指定為古蹟之古建築物、遺址及其他文化遺跡，地方政府或其所有人應予管理維護，其修復應報經古蹟主管機關許可後，始得

為之。

第84條
☆☆☆
〇check

拆除建築物時，應有維護施工及行人安全之設施，並<u>不得妨礙公眾交通</u>。

第八章 罰則

第85條
☆☆☆
〇check

違反第十三條或第十四條之規定，<u>擅自承攬建築物之設計</u>、<u>監造</u>或<u>承造</u>業務者，勒令其停止業務，並處以 **6000**元以上 **3**萬元以下罰鍰；其不遵從而繼續營業者，處 **1**年以下有期徒刑、拘役或科或併科 **3**萬元以下罰金。

第86條
☆☆☆
〇check

違反第二十五條之規定者，依左列規定，分別處罰：
一、擅自建造者，處以建築物造價 **50**‰以下罰鍰，<u>並勒令停工</u>補辦手續；必要時得強制拆除其建築物。
二、擅自使用者，處以建築物造價 **50**‰以下罰鍰，<u>並勒令停止使用</u>補辦手續；其有第五十八條情事之一者，並得封閉其建築物，限期修改或

強制拆除之。

三、擅自拆除者，處<u>1萬元</u>以下罰鍰，並勒令停止拆除補辦手續。

第87條
☆☆☆
○check

有下列情形之一者，處起造人、承造人或監造人新臺幣**9000**元以下罰鍰，並勒令補辦手續；必要時，並得勒令停工。

一、違反第三十九條規定，未依照核定工程圖樣及說明書施工者。

二、建築執照遺失未依第四十條規定，刊登新聞紙或新聞電子報作廢，申請補發者。

三、逾建築期限未依第五十三條第二項規定，申請展期者。

四、逾開工期限未依第五十四條第二項規定，申請展期者。

五、變更起造人、承造人、監造人或工程中止或廢止未依第五十五條第一項規定，申請備案者。

六、中止之工程可供使用部分未依第五十五條第二項規定，辦理變更設計，申請使用者。

七、未依第五十六條規定，按時
申報勘驗者。

第88條
☆☆☆
○check

違反第四十九條至第五十一條各
條規定之一者，處其承造人或監
造人3000元以上15000元以下罰
鍰，並令其限期修改；逾期不遵
從者，得強制拆除其建築物。

第89條
☆☆☆
○check

違反第六十三條至第六十九條及
第八十四條各條規定之一者，除
勒令停工外，並各處承造人、監
造人或拆除人6000元以上3萬元
以下罰鍰；其起造人亦有責任時，
得處以相同金額之罰鍰。

第90條　(刪除)

第91條
☆☆☆
○check

有左列情形之一者，處建築物所
有權人、使用人、機械遊樂設施
之經營者新臺幣6萬元以上30萬
元以下罰鍰，並限期改善或補辦
手續，屆期仍未改善或補辦手續
而繼續使用者，得連續處罰，並
限期停止其使用。必要時，並停
止供水供電、封閉或命其於期限
內自行拆除，恢復原狀或強制拆
除：

一、違反第七十三條第二項規定，未經核准變更使用擅自使用建築物者。

二、未依第七十七條第一項規定維護建築物合法使用與其構造及設備安全者。

三、規避、妨礙或拒絕依第七十七條第二項或第四項之檢查、複查或抽查者。

四、未依第七十七條第三項、第四項規定辦理建築物公共安全檢查簽證或申報者。

五、違反第七十七條之三第一項規定，未經領得使用執照，擅自供人使用機械遊樂設施者。

六、違反第七十七條之三第二項第一款規定，未依核准期限使用機械遊樂設施者。

七、未依第七十七條之三第二項第二款規定常時投保意外責任保險者。

八、未依第七十七條之三第二項第三款規定實施定期安全檢查者。

九、　未依第七十七條之三第二項
　　　第四款規定置專任人員管理
　　　操作機械遊樂設施者。

十、　未依第七十七條之三第二項
　　　第五款規定置經考試及格或
　　　檢定合格之機電技術人員負
　　　責經常性之保養、修護者。

有供營業使用事實之建築物，其
所有權人、使用人違反第七十七
條第一項有關維護建築物合法使
用與其構造及設備安全規定致人
於死者，處1年以上7年以下有期
徒刑，得併科新臺幣100萬元以
上500萬元以下罰金；致重傷者，
處6個月以上5年以下有期徒刑，
得併科新臺幣50萬元以上250萬
元以下罰鍰。

第91-1條 有左列情形之一者，處建築師、
★☆☆
〇check
專業技師、專業機構或人員、專
業技術人員、檢查員或實施機械
遊樂設施安全檢查人員新臺幣6
萬元以上30萬元以下罰鍰：

一、　辦理第七十七條第三項之檢
　　　查簽證內容不實者。

二、　允許他人假借其名義辦理第
　　　七十七條第三項檢查簽證業

務或假借他人名義辦理該檢
查簽證業務者。

三、違反第七十七條之四第六項
第一款或第七十七條之四第
八項第一款規定，將登記證
或檢查員證提供他人使用或
使用他人之登記證或檢查員
證執業者。

四、違反第七十七條之三第二項
第三款規定，安全檢查<u>報告
內容不實</u>者。

第91-2條 專業機構或專業檢查人違反第
☆☆☆　七十七條第五項內政部所定有關
○check　檢查簽證事項之規定情節重大
者，廢止其認可。

建築物昇降設備及機械停車設備
之專業廠商有左列情形之一者，
直轄市、縣(市)主管建築機關應
通知限期改正，屆期未改正者，
得予停業或報請中央主管建築機
關廢止其登記證：

一、違反第七十七條之四第五項
第一款規定，指派<u>非專業技
術人員</u>安裝及維護者。

二、違反第七十七條之四第五項
第二款規定，未依原送備查

之圖說資料安裝者。

三、未依第七十七條之四第五項第三款規定常時<u>投保意外責任保險</u>者。

四、未依第七十七條之四第五項第四款之規定聘僱一定人數之專任專業技術人員者。

五、違反第七十七條之四第五項第五款之規定，將登記證提供他人使用或使用他人之登記證執業者。

六、違反第七十七條之四第五項第六款規定，<u>規避</u>、<u>妨害</u>、<u>拒絕</u>接受業務督導者。

七、違反第七十七條之四第五項第八款規定，報請核備之資料與事實不符者。

八、違反第七十七條之四第五項第九款規定，設備經檢查或抽查不合格拒不改善或改善後複檢仍不合格者。

九、違反第七十七條之四第五項第十款規定，未於期限內申辦者。

專業技術人員有左列情形之一者，直轄市、縣(市)主管建築機

關應通知限期改正，屆期未改正者，得予停止執行職務或報請中央主管建築機關廢止其專業技術人員登記證：

一、違反第七十七條之四第六項第一款規定，將登記證提供他人使用或使用他人之登記證執業者。

二、違反第七十七條之四第六項第二款規定，維護保養結果記載不實者。

三、未依第七十七條之四第六項第三款規定參加訓練者。

四、違反第七十七條之四第六項第四款規定，同時受聘於兩家以上專業廠商者。

檢查機構有左列情形之一者，直轄市、縣(市)主管建築機關應通知限期改正，屆期未改正者，得予停止執行職務或報請中央主管建築機關廢止指定：

一、違反第七十七條之四第七項第一款規定，喪失執行業務能力者。

二、未依第七十七條之四第七項第二款規定據實申報檢查員

　　　　異動資料者。

三、違反第七十七條之四第七項
　　第三款規定，積壓申請檢查
　　案件者。

四、違反第七十七條之四第七項
　　第四款規定，規避、妨害或
　　拒絕接受業務督導者。

五、未依第七十七條之四第七項
　　第五款規定通知管理人限期
　　改善或將複檢不合格案件即
　　時轉報主管建築機關處理
　　者。

檢查員有左列情形之一者，直轄
市、縣(市)主管建築機關應通知
限期改正，屆期未改正者，得予
停止執行職務或報請中央主管建
築機關廢止其檢查員證：

一、違反第七十七條之四第八項
　　第一款規定，將檢查員證提
　　供他人使用或使用他人之檢
　　查員證執業者。

二、違反第七十七條之四第八項
　　第二款規定，未據實申報檢
　　查結果或對於檢查不合格之
　　設備未報檢查機構處理者。

三、未依第七十七條之四第八項
　　第三款規定參加訓練者。

四、 違反第七十七條之四第八項第四款規定，同時任職於兩家以上檢查機構或團體者。

五、 未依第七十七條之四第八項第五款規定報告管理人停止使用或儘速報告主管建築機關處理者。

專業廠商、專業技術人員或檢查員經撤銷或廢止登記證或檢查員證，未滿<u>3年</u>者，不得重行申請核發同種類登記證或檢查員證。

第92條
☆☆☆
○check

本法所定罰鍰由該管<u>主管建築機關</u>處罰之，並得於行政執行無效時，移送法院強制執行。

第93條
☆☆☆
○check

依本法規定勒令停工之建築物，非經許可不得擅自復工；未經許可擅自復工經制止不從者，除強制拆除其建築物或勒令恢復原狀外，處<u>1年</u>以下有期徒刑、拘役或科或併科<u>3萬元</u>以下罰金。

第94條
☆☆☆
○check

依本法規定停止使用或封閉之建築物，非經許可不得擅自使用；未經許可擅自使用經制止不從者，處<u>1年</u>以下有期徒刑、拘役

或科或併科新臺幣<u>30萬元</u>以下罰金。

第94-1條
☆☆☆
○check
依本法規定停止供水或供電之建築物，非經直轄市、縣(市)(局)主管建築機關審查許可，不得擅自接水、接電或使用；未經許可擅自接水、接電或使用者，處<u>1年</u>以下有期徒刑、拘役或科或併科新臺幣<u>30萬元</u>以下罰金。

第95條
☆☆☆
○check
依本法規定強制拆除之建築物，違反規定重建者，處<u>1年</u>以下有期徒刑、拘役或科或併科新臺幣<u>30萬元</u>以下罰金。

第95-1條
☆☆☆
○check
違反第七十七條之二第一項或第二項規定者，處建築物所有權人、使用人或室內裝修從業者新臺幣<u>6萬元</u>以上<u>30萬元</u>以下罰鍰，並限期改善或補辦，逾期仍未改善或補辦者得連續處罰；必要時強制拆除其室內裝修違規部分。

室內裝修從業者違反第七十七條之二第三項規定者，處新臺幣<u>6萬元</u>以上<u>30萬元</u>以下罰鍰，並得勒令其停止業務，必要時並撤銷其登記；其為公司組織者，通知

該管主管機關撤銷其登記。

經依前項規定勒令停止業務，不遵從而繼續執業者，處1年以下有期徒刑、拘役或科或併科新臺幣30萬元以下罰金；其為公司組織者，處罰其負責人及行為人。

第95-2條
☆☆☆
◯check

建築物昇降設備及機械停車設備管理人違反第七十七條之四第二項規定者，處新臺幣3000元以上15000元以下罰鍰，並限期改善或補辦手續，屆期仍未改善或補辦手續者，得連續處罰。

第95-3條
☆☆☆
◯check

本法修正施行後，違反第九十七條之三第二項規定，未申請審查許可，擅自設置招牌廣告或樹立廣告者，處建築物所有權人、土地所有權人或使用人新臺幣4萬元以上20萬元以下罰鍰，並限期改善或補辦手續，屆期仍未改善或補辦手續者，得連續處罰。必要時，得命其限期自行拆除其招牌廣告或樹立廣告。

第96條
☆☆☆
○check

本法施行前,供公眾使用之建築物而未領有使用執照者,其所有權人應申請核發使用執照。但都市計畫範圍內非供公眾使用者,其所有權人得申請核發使用執照。
前項建築物使用執照之核發及安全處理,由直轄市、縣(市)政府於建築管理規則中定之。

第96-1條
☆☆☆
○check

依本法規定強制拆除之建築物均不予補償,其拆除費用由建築物所有人負擔。
前項建築物內存放之物品,主管機關應公告或以書面通知所有人、使用人或管理人自行遷移,逾期不遷移者,視同廢棄物處理。

第97條
☆☆☆
○check

有關建築規劃、設計、施工、構造、設備之建築技術規則,由中央主管建築機關定之,並應落實建構兩性平權環境之政策。

第97-1條
☆☆☆
○check

山坡地建築之審查許可、施工管理及使用管理等事項之辦法,由中央主管建築機關定之。

第97-2條
☆☆☆
〇check

違反本法或基於本法所發布命令規定之建築物，其處理辦法，由內政部定之。

第97-3條
★☆☆
〇check

一定規模以下之招牌廣告及樹立廣告，得免申請雜項執照。其管理並得簡化，不適用本法全部或一部之規定。

招牌廣告及樹立廣告之設置，應向直轄市、縣(市)主管建築機關申請審查許可，直轄市、縣(市)主管建築機關得委託相關專業團體審查，其審查費用由申請人負擔。

前二項招牌廣告及樹立廣告之一定規模、申請審查許可程序、施工及使用等事項之管理辦法，由中央主管建築機關定之。

第二項受委託辦理審查之專業團體之資格條件、執行審查之工作內容、收費基準與應負之責任及義務等事項，由該管直轄市、縣(市)主管建築機關定之。

第98條
☆☆☆
〇check

特種建築物得經行政院之許可，不適用本法全部或一部之規定。

第99條
★★☆
○check

左列各款經直轄市、縣(市)主管建築機關許可者，得不適用本法全部或一部之規定：

一、紀念性之建築物。

二、地面下之建築物。

三、臨時性之建築物。

四、海港、碼頭、鐵路車站、航空站等範圍內之雜項工作物。

五、興闢公共設施，在拆除剩餘建築基地內依規定期限改建或增建之建築物。

六、其他類似前五款之建築物或雜項工作物。

前項建築物之許可程序、施工及使用等事項之管理，得於建築管理規則中定之。

第99-1條
☆☆☆
○check

實施都市計畫以外地區或偏遠地區建築物之管理得予簡化，不適用本法全部或一部之規定；其建築管理辦法，得由縣政府擬訂，報請內政部核定之。

第100條
☆☆☆
○check

第三條所定適用地區以外之建築物，得由內政部另定辦法管理之。

第101條
☆☆☆
○check

直轄市、縣(市)政府得依據地方情形,分別訂定建築管理規則,報經內政部核定後實施。

第102條
☆☆☆
○check

直轄市、縣(市)政府對左列各款建築物,應分別規定其建築限制:
一、風景區、古蹟保存區及特定區內之建築物。
二、防火區內之建築物。

第102-1條
☆☆☆
○check

建築物依規定應附建防空避難設備或停車空間;其防空避難設備因特殊情形施工確有困難或停車空間在一定標準以下及建築物位於都市計畫停車場公共設施用地一定距離範圍內者,得由起造人繳納代金,由直轄市、縣(市)主管建築機關代為集中興建。

前項標準、範圍、繳納代金及管理使用辦法,由直轄市、縣(市)政府擬訂,報請內政部核定之。

第103條
☆☆☆
○check

直轄市、縣(市)(局)主管建築機關為處理有關建築爭議事件,得聘請資深之營建專家及建築師,並指定都市計劃及建築管理主管

人員，組設建築爭議事件評審委員會。

前項評審委員會之組織，由內政部定之。

第104條
☆☆☆
○check
直轄市、縣(市)(局)政府對於建築物有關防火及防空避難設備之設計與構造，得會同有關機關為必要之規定。

第105條
☆☆☆
○check
本法自公布日施行。

本法中華民國98年5月12日修正之條文，自98年11月23日施行。

第二章

營造業法

民國108年06月19日

 總則

第1條
★☆☆
○check

為提高營造業技術水準,確保營繕工程<u>施工品質</u>,<u>促進營造業</u>健全發展,增進<u>公共福祉</u>,特制定本法。

本法未規定者,適用其他法律之規定。

第2條
☆☆☆
○check

本法所稱主管機關:在中央為<u>內政部</u>;在直轄市為直轄市政府;在縣(市)為縣(市)政府。

第3條
★★★
○check

本法用語定義如下:

一、營繕工程:係指<u>土木</u>、<u>建築工程</u>及其相關業務。

二、營造業:係指經向中央或直轄市、縣(市)主管機關辦理<u>許可</u>、<u>登記</u>,<u>承攬營繕</u>工程之廠商。

三、 綜合營造業：係指經向中央主管機關辦理許可、登記，綜理營繕工程施工及管理等整體性工作之廠商。

四、 專業營造業：係指經向中央主管機關辦理許可、登記，從事專業工程之廠商。

五、 土木包工業：係指經向直轄市、縣(市)主管機關辦理許可、登記，在當地或毗鄰地區承攬小型綜合營繕工程之廠商。

六、 統包：係指基於工程特性，將工程規劃、設計、施工及安裝等部分或全部合併辦理招標。

七、 聯合承攬：係指2家以上之綜合營造業共同承攬同一工程之契約行為。

八、 負責人：在無限公司、兩合公司係指代表公司之股東；在有限公司、股份有限公司係指代表公司之董事；在獨資組織係指出資人或其法定代理人；在合夥組織係指執行業務之合夥人；公司或商

號之經理人，在執行職務範圍內，亦為負責人。

九、 專任工程人員：係指受聘於營造業之技師或建築師，擔任其所承攬工程之施工技術指導及施工安全之人員。其為技師者，應稱主任技師；其為建築師者，應稱主任建築師。

十、 工地主任：係指受聘於營造業，擔任其所承攬工程之工地事務及施工管理之人員。

十一、 技術士：係指領有建築工程管理技術士證或其他土木、建築相關技術士證人員。

第4條
★☆☆
○check

營造業非經許可，領有登記證書，並加入營造業公會，不得營業。

前項入會之申請，營造業公會不得拒絕。

營造業公會無故拒絕營造業入會者，營造業經中央人民團體主管機關核准後，視同已入會。

第5條
★★☆
○check

營造業之許可、登記、撤銷或廢止許可、撤銷或廢止登記、停業、歇業、獎懲、登記證書及承攬工程手冊費之收取、專任工程人員與工地主任懲戒事項、營造業登記證書與承攬工程手冊之核發、變更、註銷、複查及抽查,中央主管機關得委託或委辦直轄市、縣(市)主管機關辦理。

第二章 分類及許可

第6條
★★★
○check

營造業分綜合營造業、專業營造業及土木包工業。

第7條
★★☆
○check

綜合營造業分為甲、乙、丙三等,並具下列條件:
一、 置領有土木、水利、測量、環工、結構、大地或水土保持工程科技師證書或建築師證書,並於考試取得技師證書前修習土木建築相關課程一定學分以上,具2年以上土木建築工程經驗之專任工程人員1人以上。
二、 資本額在一定金額以上。

前項第一款之專任工程人員為技師者，應加入各該營造業所在地之技師公會後，始得受聘於綜合營造業。但專任工程人員於縣(市)依地方制度法第七條之一規定改制或與其他直轄市、縣(市)行政區域合併改制為直轄市前，已加入台灣省各該科技師公會者，得繼續加入台灣省各該科技師公會，即可受聘於依地方制度法第七條之一規定改制之直轄市行政區域內之綜合營造業。

第一項第一款應修習之土木建築相關課程及學分數，及第二款之一定金額，由中央主管機關定之。前項課程名稱及學分數修正變更時，已受聘於綜合營造業之專任工程人員，應於修正變更後2年內提出回訓補修學分證明。屆期未回訓補修學分者，主管機關應令其停止執行綜合營造業專任工程人員業務。

乙等綜合營造業必須由丙等綜合營造業有3年業績，5年內其承攬工程竣工累計達新臺幣2億元以上，並經評鑑2年列為第1級者。

甲等綜合營造業必須由乙等綜合營造業有**3年**業績，**5年**內其承攬工程竣工累計達新臺幣**3億元**以上，並經評鑑**3年**列為第**1級**者。

第8條
★★★
◯check

專業營造業登記之專業工程項目如下：
一、 <u>鋼構</u>工程。
二、 <u>擋土支撐</u>及<u>土方</u>工程。
三、 <u>基礎</u>工程。
四、 <u>施工塔架吊裝</u>及<u>模板</u>工程。
五、 <u>預拌混凝土</u>工程。
六、 營建<u>鑽探</u>工程。
七、 地下<u>管線</u>工程。
八、 <u>帷幕牆</u>工程。
九、 庭園、<u>景觀</u>工程。
十、 <u>環境保護</u>工程。
十一、<u>防水</u>工程。
十二、 其他經中央主管機關會同主管機關增訂或變更，並公告之項目。

第9條
☆☆☆
◯check

專業營造業應具下列條件：
一、 置符合各專業工程項目規定之專任工程人員。
二、 資本額在一定金額以上；選擇登記二項以上專業工程項

目者，其資本額以金額較高者為準。

前項第一款專任工程人員之資歷、人數及第二款之一定金額，由中央主管機關分別按各專業工程項目定之。

第10條
★☆☆
○check

土木包工業應具備下列條件：

一、 負責人應具有**3年**以上土木建築工程施工經驗。

二、 資本額在一定金額以上。

前項第二款之一定金額，由中央主管機關定之。

第11條
☆☆☆
○check

土木包工業於原登記直轄市、縣(市)地區以外，越區營業者，以其毗鄰之直轄市、縣(市)為限。

前項越區營業者，臺北市、基隆市、新竹市及嘉義市，比照其所毗鄰直轄市、縣(市)；澎湖縣、金門縣比照高雄市，連江縣比照基隆市。

第12條
☆☆☆
○check

營造業出資種類及其占資本額比率，由中央主管機關定之。

本法所稱資本額，於營造業以股份有限公司設立者，係指<u>實收資本額</u>。

第13條
★☆☆
○check

營造業申請公司或商業登記前，應檢附下列文件，向中央主管機關或直轄市、縣(市)主管機關申請營造業許可：

一、 申請書。

二、 資本額證明文件。

三、 發起人或合夥人姓名、住所或居所、履歷及認資證明文件。

四、 營業計畫。

前項第一款申請書，應載明下列事項：

一、 營造業名稱及營業地址。

二、 負責人姓名、出生年月日、住所或居所及身分證明文件。

三、 營造業類別及業務項目。

四、 專任工程人員姓名、出生年月日、住所或居所及身分證明文件。

五、 組織性質。

六、 資本額。

土木包工業於前項申請書免記載第四款事項。

第14條
★★☆
○check

營造業於領得許可證件後，應於6個月內辦妥公司或商業登記；屆期未辦妥者，由中央主管機關或

直轄市、縣(市)主管機關廢止其許可。但有正當理由者，得申請延期<u>1次</u>，並不得超過<u>3個月</u>。

第15條
★★☆
○check

營造業應於辦妥公司或商業登記後<u>6個月</u>內，檢附下列文件，向中央主管機關或直轄市、縣(市)主管機關申請<u>營造業登記</u>、領取<u>營造業登記證書及承攬工程手冊</u>，始得營業；屆期未辦妥者，由中央主管機關或直轄市、縣(市)主管機關廢止其許可：

一、 申請書。

二、 原許可證件。

三、 公司或商業登記證明文件。

四、 專任工程人員受聘同意書及其資格證明書。

前項第一款申請書，應載明下列事項：

一、 營造業名稱及營業地址。

二、 負責人姓名、出生年月日、住所或居所、身分證明文件及簽名、蓋章。

三、 營造業類別及業務項目。

四、 專任工程人員姓名、出生年月日、住所或居所、身分證明文件與其簽名及印鑑。

五、組織性質。

六、資本額。

土木包工業免檢附第一項第四款文件，其第一項第一款申請書，並免記載前項第四款事項。

營造業於申領營造業登記證書前，其第十三條第二項所定申請書應記載事項有變更時，應辦理變更許可後，始得申請。

第16條
★☆☆
○check

前條第二項申請書應記載事項有變更時，應自事實發生之日起<u>2個月</u>內，檢附有關證明文件，向中央主管機關或直轄市、縣(市)主管機關申請變更登記，並換領營造業登記證書。

第17條
★★☆
○check

營造業自領得營造業登記證書之日起，每滿<u>5年</u>應申請複查，中央主管機關或直轄市、縣(市)主管機關並得隨時抽查之；受抽查者，不得拒絕、妨礙或規避。

前項複查之申請，應於期限<u>屆滿3個月前60日內</u>，檢附營造業登記證書及承攬工程手冊或相關證明文件，向中央主管機關或直轄市、縣(市)主管機關提出。

3個月前60日內的意思即為倒數前3個月的前面60天，例如複查期限為12月15日，則其申請時間應為9月15日至11月13日內為之。

第一項複查及抽查項目，包括營造業負責人、專任工程人員之相關證明文件、財務狀況、資本額及承攬工程手冊之內容。

第18條
☆☆☆
○check

營造業申請複查或中央主管機關或直轄市、縣(市)主管機關抽查，有不合規定時，中央主管機關或直轄市、縣(市)主管機關應列舉事由，通知其補正。

營造業應於接獲通知之次日起2個月內，依通知補正事項辦理補正。

第19條
★★★
○check

承攬工程手冊之內容，應包括下列事項：

一、 營造業登記證書字號。

二、 負責人簽名及蓋章。

三、 專任工程人員簽名及加蓋印鑑。

四、 獎懲事項。

五、 工程記載事項。

六、 異動事項。

七、 其他經中央主管機關指定事項。

前項各款情形之一有變動時，應於2個月內檢附承攬工程手冊及有關證明文件，向中央主管機關或直轄市、縣(市)主管機關申請變更。但專業營造業及土木包工業承攬工程手冊之工程記載事項，經中央主管機關核定於一定金額或規模免予申請記載變更者，不在此限。

第20條

★☆☆

○check

營造業自行停業或受停業處分時，應將其營造業登記證書及承攬工程手冊送繳中央主管機關或直轄市、縣(市)主管機關註記後發還之；復業時，亦同。

營造業歇業時，應將其營造業登記證書及承攬工程手冊，送繳中央主管機關或直轄市、縣(市)主管機關，並辦理廢止登記。

第21條

☆☆☆

○check

營造業經撤銷登記、廢止登記或受停業之處分者，自處分書送達之次日起，不得再行承攬工程。

但已施工而未完成之工程，得委由營造業符合原登記等級、類別者，繼續施工至竣工為止。

第 三 章 承攬契約

第22條
★★★
○check
綜合營造業應結合依法具有規劃、設計資格者，始得以統包方式承攬。

第23條
★★★
○check
營造業承攬工程，應依其承攬造價限額及工程規模範圍辦理；其一定期間承攬總額，不得超過淨值20倍。

前項承攬造價限額之計算方式、工程規模範圍及一定期間之認定等相關事項之辦法，由中央主管機關定之。

第24條
★★★
○check
營造業聯合承攬工程時，應共同具名簽約，並檢附聯合承攬協議書，共負工程契約之責。

前項聯合承攬協議書內容包括如下：

一、工作範圍。
二、出資比率。
三、權利義務。

參與聯合承攬之營造業，其承攬限額之計算，應受前條之限制。

第25條
★★★
○check

綜合營造業承攬之營繕工程或專業工程項目，除與定作人約定需自行施工者外，得交由<u>專業營造業</u>承攬，其轉交工程之施工責任，由原承攬之綜合營造業負責，受轉交之專業營造業並就轉交部分，負<u>連帶責任</u>。

轉交工程之契約報備於<u>定作人</u>且受轉交之專業營造業已申請記載於<u>工程承攬手冊</u>，並經綜合營造業就轉交部分設定<u>權利質權</u>予受轉交專業營造業者，民法第五百十三條之抵押權及第八百十六條因添附而生之請求權，及於綜合營造業對於定作人之<u>價金</u>或<u>報酬</u>請求權。

專業營造業除依第一項規定承攬受轉交之工程外，得依其登記之專業工程項目，向定作人承攬專業工程及該工程之必要相關營繕工程。

第26條
★★☆
○check

營造業承攬工程，應依照<u>工程圖樣</u>及<u>說明書</u>製作工地現場<u>施工製造圖</u>及<u>施工計畫書</u>，負責施工。

第27條
★★☆
〇check

營繕工程之承攬契約，應記載事項如下：

一、 契約之<u>當事人</u>。
二、 工程<u>名稱</u>、<u>地點</u>及內容。
三、 承攬<u>金額</u>、付款日期及方式。
四、 工程<u>開工日期</u>、<u>完工日期</u>及工期計算方式。
五、 <u>契約變更</u>之處理。
六、 依<u>物價</u>指數<u>調整工程款</u>之規定。
七、 <u>契約爭議</u>之處理方式。
八、 <u>驗收</u>及<u>保固</u>之規定。
九、 工程<u>品管</u>之規定。
十、 違約之<u>損害賠償</u>。
十一、 <u>契約終止</u>或解除之規定。

前項實施辦法，由中央主管機關另定之。

第 四 章 人員之設置

第28條
★☆☆
〇check

營造業負責人不得為其他營造業之<u>負責人</u>、<u>專任工程人員</u>或<u>工地主任</u>。

第29條
☆☆☆
〇check

技術士應於工地現場依其專長技能及作業規範進行施工操作或品質控管。

第30條
★★☆
○check

營造業承攬一定金額或一定規模以上之工程，其施工期間，應於工地置工地主任。

前項設置之工地主任於施工期間，不得同時兼任其他營造工地主任之業務。

第一項一定金額及一定規模，由中央主管機關定之。

第31條
★☆☆
○check

工地主任應符合下列資格之一，並另經中央主管機關評定合格或取得中央勞工行政主管機關依技能檢定法令辦理之營造工程管理甲級技術士證，由中央主管機關核發工地主任執業證者，始得擔任：

一、 專科以上學校土木、建築、營建、水利、環境或相關系、科畢業，並於畢業後有2年以上土木或建築工程經驗者。

二、 職業學校土木、建築或相關類科畢業，並於畢業後有5年以上土木或建築工程經驗者。

三、 高級中學或職業學校以上畢業，並於畢業後有10年以上土木或建築工程經驗者。

四、 普通考試或相當於普通考試以上之特種考試土木、建築或相關類科考試及格，並於及格後有2年以上土木或建築工程經驗者。

五、 領有建築工程管理甲級技術士證或建築工程管理乙級技術士證，並有3年以上土木或建築工程經驗者。

六、 專業營造業，得以領有該項專業甲級技術士證或該項專業乙級技術士證，並有3年以上該項專業工程經驗者為之。

本法施行前符合前項第五款資格者，得經完成中央主管機關規定時數之職業法規講習，領有結訓證書者，視同評定合格。

取得工地主任執業證者，每逾<u>4年</u>，應再取得最近4年內回訓證明，始得擔任營造業之工地主任。本法施行前領有內政部與受委託學校會銜核發之工地主任訓練結業證書者，應取得前項回訓證明，由中央主管機關發給執業證後，始得擔任營造業之工地主任。

工地主任應於中央政府所在地組織全國營造業工地主任公會，辦理營造業工地主任管理輔導及訓練服務等業務；工地主任應加入全國營造業工地主任公會，全國營造業工地主任公會不得拒絕其加入。營造業聘用工地主任，不必經工地主任公會同意。

第一項工地主任之評定程序、基準及第三項回訓期程、課程、時數、實施方式、管理及相關事項之辦法，由中央主管機關定之。

第32條
★★★
○check

營造業之工地主任應負責辦理下列工作：

一、 依施工計畫書執行<u>按圖施工</u>。
二、 按日填報<u>施工日誌</u>。
三、 工地之<u>人員</u>、<u>機具</u>及<u>材料</u>等管理。
四、 工地<u>勞工安全衛生</u>事項之督導、公共環境與安全之維護及其他工地行政事務。
五、 工地遇<u>緊急異常</u>狀況之通報。
六、 <u>其他</u>依法令規定應辦理之事項。

營造業承攬之工程，免依第三十條規定置工地主任者，前項工作，

應由專任工程人員或指定專人為之。

第33條
☆☆☆
◯check

營造業承攬之工程，其專業工程特定施工項目，應置一定種類、比率或人數之技術士。

前項專業工程特定施工項目及應置技術士之種類、比率或人數，由中央主管機關會同中央勞工主管機關定之。

第34條
★☆☆
◯check

營造業之專任工程人員，應為<u>繼續性</u>之從業人員，不得為定期契約勞工，並不得兼任其他綜合營造業、專業營造業之業務或職務。但本法第六十六條第四項，不在此限。

營造業負責人知其專任工程人員有違反前項規定之情事者，應通知其專任工程人員限期就兼任工作、業務辦理辭任；屆期未辭任者，應予解任。

第35條
★★★
◯check

營造業之專任工程人員應負責辦理下列工作：

一、<u>查核</u>施工計畫書，並於認可後簽名或蓋章。

二、於開工、竣工報告文件及<u>工程查報表</u>簽名或蓋章。

三、督察按圖施工、解決施工技術問題。

四、依工地主任之通報,處理工地緊急異常狀況。

五、查驗工程時到場說明,並於工程查驗文件簽名或蓋章。

六、營繕工程必須勘驗部分赴現場履勘,並於申報勘驗文件簽名或蓋章。

七、主管機關勘驗工程時,在場說明,並於相關文件簽名或蓋章。

八、其他依法令規定應辦理之事項。

第36條
☆☆☆
○check
土木包工業負責人,應負責第三十二條所定工地主任及前條所定專任工程人員應負責辦理之工作。

第37條
★☆☆
○check
營造業之專任工程人員於施工前或施工中應檢視工程圖樣及施工說明書內容,如發現其內容在施工上顯有困難或有公共危險之虞時,應即時向營造業負責人報告。營造業負責人對前項事項應即告知定作人,並依定作人提出之改善計畫為適當之處理。

定作人未於前項通知後及時提出改善計畫者，如因而造成危險或損害，營造業不負損害賠償責任。

第38條

★☆☆

○check

營造業負責人或專任工程人員於施工中發現顯有<u>立即公共危險之虞</u>時，應即時為必要之措施，惟以避免危險所必要，且未踰越危險所能致之損害程度者為限。其必要措施之費用，如係歸責於定作人之事由者，應由定作人給付，定作人無正當理由不得拒絕。但於承攬契約另有規定者，從其規定。

第39條

☆☆☆

○check

營造業負責人或專任工程人員違反第三十七條第一項、第二項或前條規定致生公共危險者，應視其情形分別依法負其責任。

第40條

★☆☆

○check

營造業之專任工程人員離職或因故不能執行業務時，營造業應即報請中央主管機關備查，並應於<u>3個月</u>內依規定另聘之。

前項期間如有繼續施工工程，其專任工程人員之工作，應委由符合營造業原登記等級、類別且未設立事務所或未受聘於技術顧問

機構或營造業之建築師或技師擔任。

前項之技師，應於加入公會後，始得為之。

第五章 監督及管理

第41條
★★☆
○check

工程主管或主辦機關於勘驗、查驗或驗收工程時，營造業之<u>專任工程人員</u>及<u>工地主任</u>應在現場說明，並由專任工程人員於勘驗、查驗或驗收文件上簽名或蓋章。

未依前項規定辦理者，工程主管或主辦機關對該工程應不予勘驗、查驗或驗收。

第42條
★☆☆
○check

營造業於承攬工程開工時，應將該工程登記於承攬工程手冊，由<u>定作人</u>簽章證明；並於工程竣工後，檢同<u>工程契約</u>、<u>竣工證件</u>及<u>承攬工程手冊</u>，送交工程所在地之直轄市或縣(市)主管機關註記後發還之。

前項竣工證件，指建築物<u>使用執照</u>或由定作人出具之竣工驗收證明文件。

第43條
★★☆
○check

中央主管機關對綜合營造業及認有必要之專業營造業得就其工程實績、施工品質、組織規模、管理能力、專業技術研究發展及財務狀況等，定期予以評鑑，評鑑結果分為3級。

前項評鑑作業，中央主管機關得收取費用，並得委託經中央主管機關認可之相關機關(構)、公會團體辦理；其受委託之相關機關(構)、公會團體應具備之資格、條件、認可之申請程序、認可證書之有效期間、核(換)發、撤銷、廢止及相關管理事項之辦法；以及受理營造業申請評鑑之申請條件、程序、評鑑結果分級之認定基準及評鑑證書之有效期限、核(換)發、撤銷、廢止及相關事項之辦法，由中央主管機關定之。

第44條
☆☆☆
○check

營造業承攬工程，如定作人定有承攬資格者，應受其規定之限制。依政府採購法辦理之營繕工程，不得交由評鑑為第3級之綜合營造業或專業營造業承攬。

第六章 公會

第45條
★☆☆
○check
營造業公會分綜合營造業公會、專業營造業公會及土木包工業公會。
前項專業營造業公會，得依第八條所定專業工程項目，分別設立之。
專業營造業公會未設立前，專業營造業得暫加入綜合營造業公會。

第46條
☆☆☆
○check
營造業於本法施行前，已設立公會，而其組織或名稱與本法規定不相符者，應於本法施行後，於中央主管機關所定期間內，變更其名稱；其理事、監事得擔任至任期屆滿。

第47條
☆☆☆
○check
營造業公會應訂定會員公約、紀律委員會組織及風紀維持方法。

第48條
☆☆☆
○check
營造業公會得受委託，辦理對營造業之調查、分析、評選、研究及其他相關業務。

第49條
☆☆☆
○check
中央主管機關得要求營造業公會對營造業之經營狀況、從業人員動態等事項，提出報告。

第（七）章 輔導及獎勵

第50條
★☆☆
○check

中央主管機關為改善營造業經營能力，提升其技術水準，得協調相關主管機關就下列事項，採取輔導措施：
一、市場調查及開發。
二、改善產業環境。
三、強化技術研發及資訊整合。
四、提升產業國際競爭力。
五、健全人力培訓機制。
六、其他經中央主管機關指定之輔導事項。

第51條
★★★
○check

依第四十三條規定評鑑為第1級之營造業，經主管機關或經中央主管機關認可之相關機關(構)辦理複評合格者，為優良營造業；並為促使其健全發展，以提升技術水準，加速產業升級，應依下列方式獎勵之：
一、頒發獎狀或獎牌，予以公開表揚。
二、承攬政府工程時，押標金、工程保證金或工程保留款，得降低50%以下；申領工程預付款，增加10%。

営造業法

前項辦理複評機關(構)之資格條件、認可程序、複評程序、複評基準及相關事項之辦法，由中央主管機關定之。

第八章 罰則

第52條
☆☆☆
○check

未經許可或經撤銷、廢止許可而經營營造業業務者，勒令其停業，並處新臺幣100萬元以上1000萬元以下罰鍰；其不遵從而繼續營業者，得連續處罰。

第53條
☆☆☆
○check

技術士違反第二十九條規定情節重大者，予以3個月以上2年以下停止執行營造業業務之處分。

第54條
☆☆☆
○check

營造業有下列情事之一者，處新臺幣100萬元以上500萬元以下罰鍰，並廢止其許可：
一、使用他人之營造業登記證書或承攬工程手冊經營營造業業務者。
二、將營造業登記證書或承攬工程手冊交由他人使用經營營造業業務者。
三、停業期間再行承攬工程者。

前項營造業自廢止許可之日起<u>5</u><u>年</u>內，其負責人不得重新申請營造業登記。

第55條
☆☆☆
○check

營造業有下列情事之一者，處新臺幣<u>10萬元</u>以上<u>50萬元</u>以下罰鍰：

一、 經許可後未領得營造業登記證或承攬工程手冊而經營營造業業務者。

二、 未加入公會而經營營造業業務者。

三、 未依第十七條第一項規定，申請複查或拒絕、妨礙或規避抽查者。

四、 自行停業、受停業處分、復業或歇業時，未依第二十條規定辦理者。

營造業有前項第一款或第二款情事者，並得勒令停業及通知限期補辦手續，屆期不補辦而繼續營業者，得按次連續處罰。有前項第四款情事，經主管機關通知限期補辦手續，屆期不辦者，得按次連續處罰。

第56條

☆☆☆
○check

營造業違反第十一條、第十八條第二項、第二十三條第一項、第二十六條、第三十條第一項、第三十三條第一項、第四十條或第四十二條第一項規定者，按其情節輕重，予以警告或3個月以上1年以下停業處分。

營造業於5年內受警告處分3次者，予以3個月以上1年以下停業處分；於5年內受停業處分期間累計滿3年者，廢止其許可。

第57條

☆☆☆
○check

營造業違反第十六條或第十九條第二項規定者，處新臺幣2萬元以上10萬元以下罰鍰；並限期依規定申請變更登記。屆期不申請者，予以3個月以上1年以下停業處分。

第58條

☆☆☆
○check

營造業負責人違反第二十八條規定者，處新臺幣20萬元以上100萬元以下罰鍰，並通知該營造業限期辦理解任。屆期不辦理者，對該營造業處新臺幣20萬元以上100萬元以下罰鍰。並得繼續通知該營造業辦理解任，屆期仍不辦理者，得按次連續處罰。

第59條
☆☆☆
○check

營造業負責人違反第三十七條第二項或第三十八條規定者，處新臺幣 5萬元 以上 50萬元 以下罰鍰。

第60條
☆☆☆
○check

定作人違反第三十七條第三項規定者，處新臺幣5萬元以上50萬元以下罰鍰。

第61條
☆☆☆
○check

營造業專任工程人員違反第三十四條、第三十五條第一款至第七款規定之一、第四十一條第一項規定或違反各該技師公會章程，按其情節輕重，予以警告或2個月以上2年以下停止執行營造業業務之處分；其停業期間，並不得依技師法或建築師法執行相關業務。第六十六條第四項之技師有違反各公會之章程情節重大者，亦同。

營造業負責人明知所置專任工程人員有違反第三十四條第一項或第四十一條第一項規定情事，未通知其辭任、未予以解任或未使其在場者，予以該營造業3個月以上1年以下停業處分。

第六十六條第四項受委託執行綜理施工管理簽章之技師，違反第三十五條第一款至第七款規定之一，或未加入公會，或受理委託簽章後未逐案向工程所在地之直轄市或縣(市)主管機關報備登錄者，予以警告或2個月以上2年以下停止執行營造業業務之處分；其停業期間，並不得依技師法執行相關業務。

營造業專任工程人員或受委託執行綜理施工管理簽章之技師於<u>5年</u>內受警告處分<u>3次</u>者，予以<u>2個月</u>以上<u>2年</u>以下停止執行營造業業務之處分；其停業期間，並不得依技師法執行相關業務。

第62條
☆☆☆
○check

營造業工地主任違反第三十條第二項、第三十一條第五項、第三十二條第一項第一款至第五款或第四十一條第一項規定之一者，按其情節輕重，予以警告或3個月以上1年以下停止執行營造業工地主任業務之處分。

營造業工地主任經依前項規定受警告處分<u>3次</u>者，予以<u>3個月</u>以上<u>1年</u>以下停止執行營造業工地主任

業務之處分；受停止執行營造業
工地主任業務處分期間累計<u>滿3
年</u>者，廢止其工地主任執業證。
前項工地主任執業證自廢止之日
起<u>5年</u>內，其工地主任不得重新
申請執業證。

第63條
☆☆☆
○check
土木包工業負責人違反第三十六
條規定者，按其情節輕重，予以
該土木包工業<u>3個月</u>以上<u>2年</u>以下
停業處分。

第64條
☆☆☆
○check
營造業公會違反第四條第二項或
第四十六條規定者，由中央人民
團體主管機關處新臺幣<u>10萬元</u>以
上<u>50萬元</u>以下罰鍰。

第65條
☆☆☆
○check
依本法所處之罰鍰，經限期繳納，
屆期仍不繳納者，依法移送強制
執行。

第 九 章 附則

第66條
☆☆☆
○check
本法施行前之營造業、土木包工
業及經營第八條第一項所稱專業
工程項目之廠商，應自本法施行
日起1年內，分別依第六條至第

十二條所定要件，申請換領營造業登記證書及承攬工程手冊；其經營依第八條第十三款增訂或變更專業工程項目之廠商，則應自公告日起 2年 內為之。

違反前項規定者，應廢止其許可及登記證書，並通知公司或商業登記主管機關廢止其公司、商業登記或其部分登記事項。

丙等營造業依第一項規定換領為丙等綜合營造業時，其依本法施行前營造業管理規則規定擔任為專任工程人員之工地主任及經濟部核准登記之土木、水利工程或建築科技副，得予繼續留任。但該工地主任及技副，在丙等營造業換領為丙等綜合營造業後，依第十七條年滿5年營造業申請複查時，應取得第七條第一項第一款所定專任工程人員之資格，屆期未取得資格者，令其停止執行營造業專任工程人員業務。

本法施行前原依營造業管理規則規定聘工地主任擔任專任工程人員之丙等營造業於換領為丙等綜合營造業5年 後，得採置專任工

程人員或委託建築師或技師逐案按各類科技師之執業範圍核實執行綜理施工管理，並簽章負責專任工程人員應辦理之工作。該建築師或技師不得設立事務所或受聘於技術顧問機構，且技師應加入公會後，始得為之。並應於每次受理委託簽章後，逐案向工程所在地之直轄市或縣(市)主管機關報備登錄。

前項建築師或技師受委託執行綜理施工管理簽章、報備、登錄作業、項目費用及其他相關事項之辦法，由中央主管機關會商相關公會定之。

為落實營造業專任專業之目標，第四項委託建築師或技師簽章負責之規定事項，其停止適用之日期，由中央主管機關會商相關公會定之。

第67條
☆☆☆
○check

中央、直轄市或縣(市)主管機關為處理營造業之撤銷或廢止登記、獎懲事項、專任工程人員及工地主任處分案件，應設營造業審議委員會；其設置要點，由中央主管機關定之。

第67-1條
☆☆☆
○check

司法院應指定法院設立工程專業法庭，由具有工程相關專業知識或審判經驗之法官，辦理工程糾紛訴訟案件。

第68條
☆☆☆
○check

離島地區營造業承攬當地工程者，其營造業人員之設置，得不適用第七條、第三十五條及第四十一條規定。

前項所稱離島地區之範圍、人員設置及其相關事項之辦法，由中央主管機關定之。

第69條
☆☆☆
○check

外國營造業之設立，應經中央主管機關許可後，依公司法申請認許或依商業登記法辦理登記，並應依本法之規定，領得營造業登記證書及承攬工程手冊，始得營業；其登記為乙等綜合營造業或甲等綜合營造業者，不受第七條第五項或第六項晉升等級之限制。但業績、年資及承攬工程竣工累積額，應以在本國執行之實績為計算基準，其餘不得計入。

外國營造業依第一項規定得為營業，除法令、我國締結之條約或協定另有禁止規定者外，其承攬

政府公共建設工程契約金額達10
億元以上者，應與本國綜合營造
業聯合承攬該工程。

第70條
☆☆☆
◯check

中央主管機關依本法規定受理申
請審查、核發、補發及變更營造
業登記證書、承攬工程手冊時，
應收取審查費、證照費、工本費；
其收費基準，由中央主管機關定
之。

第71條
☆☆☆
◯check

本法所定之登記證書、承攬工程
手冊及其他書、表格式，由中央
主管機關定之。

第72條
☆☆☆
◯check

本法施行細則，由中央主管機關
定之。

第73條
☆☆☆
◯check

本法除另定施行日期者外，自公
布日施行。

第三章

營造業法施行細則

民國107年08月22日

第1條
☆☆☆
○check

本細則依營造業法(以下簡稱本法)第七十二條規定訂定之。

第2條

(刪除)

第3條
★☆☆
○check

本法第七條第一項第一款所稱2年以上土木建築工程經驗，指從事營繕工程測量、規劃、設計、監造、施工或專案管理工作2年以上。

前項經驗之證明文件如下：

一、服務證明書：

(一) 在政府機關、公(軍)營機構服務者，應繳驗該機關(構)出具載明任職職系說明之服務證明書。

(二) 在依法登記之開業建築師事務所、技師事務所、營造業、工程技術

顧問公司或民營事業機構之營繕單位服務者，應繳驗該事務所、公司或機構之登記證明文件影本及其出具載明任職工作性質之服務證明書。

二、經歷證明書：應記載實際擔任之工作或工程之名稱、地點、面積、形態及所任之工作項目、起訖時間等。

第4條
★★★
○check

本法第七條第一項第二款所定綜合營造業之資本額，於甲等綜合營造業為新臺幣2250萬元以上；乙等綜合營造業為新臺幣1200萬元以上；丙等綜合營造業為新臺幣360萬元以上。

第5條
☆☆☆
○check

本法第十條第一項第一款所定土木包工業負責人應具有3年以上土木建築工程施工經驗，其證明文件如下：

一、服務證明書：
　　(一) 在政府機關、公(軍)營機構服務者，應繳驗該機關(構)出具載明任

職職系說明之服務證明書。

(二) 在依法登記之開業建築師事務所、技師事務所、營造業、工程技術顧問公司或民營事業機構之營繕單位服務者，應繳驗該事務所、公司或機構之登記證明文件影本及其出具載明任職工作性質之服務證明書。

二、經歷證明書：應記載實際擔任之工作或工程之名稱、地點、面積、形態及所任之工作項目、起訖時間等。

第6條
★★☆
○check

本法第十條第二項所定<u>土木包工業</u>之資本額為新臺幣<u>100萬元</u>以上。

第6-1條
★☆☆
○check

本法第十二條第一項所定出資種類，為依公司法或商業登記法規定之出資種類；其中現金、不動產、機具設備、貨幣債權、公積、股息與紅利、公司債轉換股份及認股權憑證轉換股份，合計應占

資本額<u>90%</u>以上。

第7條
☆☆☆
○check

前條所定不動產及機具設備，於公司組織，其所有權應屬公司所有；於獨資或合夥事業，其所有權應屬負責人或合夥人所有。

前條所稱機具設備，指營造業從事營繕工程施工所必要之機具及設備。

第8條
★★☆
○check

本法第十三條第一項第二款所定資本額證明文件如下：

一、<u>土地</u>：最近1個月之土地登記謄本。

二、<u>房屋</u>：最近1個月建築改良物登記謄本及稅捐稽徵機關課稅現值之證明。

三、<u>機具設備</u>：具有動產、機具設備鑑定業務項目公證業或工商徵信服務業之鑑價證明文件及公證人產權證明公證書。但屬出廠3年內之新品者，其價值得以出售廠商開具之收據或統一發票認定之。

四、<u>現金</u>：最近1個月金融機構存款證明文件。

五、 前四款以外之出資種類：公
司或商業登記主管機關出具
之抄錄資本形成文件。

第9條
☆☆☆
○check
本法施行前依合作社法第三條第
一項第五款及第二項規定承攬營
繕工程並經領有營造業登記證書
之勞動合作社，準用本法相關規
定。

第10條
☆☆☆
○check
營造業合於下列規定者，得按原
等級登記之，其業績合併累計：
一、 公司組織之營造業變更組織
種類。
二、 非公司組織之營造業設立為
公司組織。
三、 變更名稱或負責人。
四、 公司組織之營造業，以其經
營建築及土木工程之營業項
目另設公司組織之綜合營造
業。
公司組織之營造業合併，得按原
登記等級較高者登記之，其業績
得予合併累計。

第11條
☆☆☆
○check
營造業依本法第十六條規定申請
辦理變更登記時，於變更程序終
結前，得由中央或直轄市、縣(市)

主管機關開立證明，依原登記等級參與工程投標。

第12條
★★☆
○check

營造業依本法第十七條規定申請複查時，應提出下列證明文件：

一、營造業負責人：身分證明文件。

二、專任工程人員：身分證明文件、受聘同意書及其資格證明書。

三、財務狀況：營利事業所得稅結算申報書與最近一期營業稅銷售額及稅額申報書，並自行計算自有資本率、流動比率、淨值報酬率、固定資產周轉率、淨值周轉率。

四、資本額：營造業登記證書及最近之公司登記或商業登記證明文件。

五、承攬工程手冊。

中央或直轄市、縣(市)主管機關依本法第十七條規定進行抽查時，應查前項各款文件，必要時，並得查核其他相關證明文件。

第13條
☆☆☆
○check

營造業工地主任得依人民團體法規定設立公會，辦理營造業工地主任輔導及服務等業務。

第14條

★★☆

○check

營造業於承攬工程開工時，應將該工程登載於承攬工程手冊，由定作人簽章證明，並依契約造價填載承攬金額；工程竣工後，應檢同工程契約、竣工證件及承攬工程手冊，送交工程所在地之直轄市或縣(市)主管機關註記後發還之。

營造業升等業績之採計，以承攬工程手冊工程記載之完工總價為準；其工程完工總價，依下列規定填寫：

一、承攬政府機關、公立學校、公營事業機構之營繕工程，依完工驗收證明書驗收結算總價填寫。

二、承辦私人營繕工程，其工程造價以定作人(起造人)及承造人共同具名之完工結算金額認定，不得超過使用執照上所記載工程造價之**3倍**，並應檢附已完工結算金額相符之各期統一發票、定作人(起造人)及承造人共同具結之工程施工期間無變更承造人切結書、使用執照影本及工程契約等文件。

三、 未申請雜項執照之私人土木工程，得以請款統一發票合計之。

完工總價除前項規定金額外，並得包括定作人(起造人)供應材料之金額，由定作人(起造人)出具證明合計之。

第15條
★☆☆
○check

本法第十九條第二項但書所稱承攬一定金額免予申請記載變更者，指專業營造業承攬新臺幣 <u>100萬元</u>以下之工程或土木包工業承攬新臺幣 <u>10萬元</u>以下之工程。

第16條
☆☆☆
○check

營造業自行停業、受停業處分、復業或歇業時，應於停業、復業或歇業日起 **3個月** 內，依本法第二十條規定辦理。

第17條
★☆☆
○check

本法第二十五條第三項所稱必要相關營繕工程，指專業營造業從事本法第八條規定之專業工程項目時，為工程實際狀況及需要，所為技術上不宜分離或宜一併施作以達工程效能之工程。

專業營造業向定作人合併承攬前項專業工程規劃、設計、施工及安裝部分或全部業務時，其依法

應經規劃、設計者，應結合具有規劃、設計資格者為之。

第17-1條
☆☆☆
〇check
營造業有關安全衛生設施，應依營造安全衛生設施標準規定辦理。

第18條
★★★
〇check
本法第三十條所定應置工地主任之工程金額或規模如下：
一、承攬金額新臺幣<u>5000萬元</u>以上之工程。
二、建築物高度<u>36公尺</u>以上之工程。
三、建築物<u>地下室</u>開挖<u>10公尺</u>以上之工程。
四、橋樑柱跨距<u>25公尺</u>以上之工程。

第19條
☆☆☆
〇check
各等級、類別營造業負責人及該營造業之其他業務人員具有各該等級、類別專任工程人員之資格者，得擔任該營造業之專任工程人員。

第20條
★☆☆
〇check
營造業之專任工程人員離職或因故不能執行業務時，營造業應於<u>15日</u>內依本法第四十條規定報請備查。

第21條
☆☆☆
◯check

本法第四十二條第二項所定由定作人出具之竣工驗收證明文件，得以與定作人契約合意之最終爭議處理結果代之。

第22條
☆☆☆
◯check

專業營造業登記經營本法第八條所定二項以上專業工程項目者，應加入各該專業營造業公會。

本法第八條各款所定專業工程項目包含2種以上不同專業性質時，得分別設立公會。

依本法第四十五條第三項規定暫加入綜合營造業公會之專業營造業，應於專業營造業公會設立後<u>3個月</u>內，加入該專業營造業公會。

第23條
☆☆☆
◯check

營造業或其負責人依本法第五十五條第二項、第五十七條或第五十八條規定，限期補辦手續或申請變更登記或辦理解任者，應於接獲主管機關通知之次日起<u>30日</u>內完成；依本法第五十五條第二項補辦加入公會手續或依第五十八條辦理負責人解任者，並應檢具證明文件，報主管機關備查。

營造業負責人知其專任工程人員有違反本法第三十四條第一項規

定情事時，應以書面通知該專任
工程人員辭任；屆期未辭任者，
應以書面予以解任。

第24條
★☆☆
〇check

本法第六十六條第一項所稱本法
施行前之營造業、土木包工業，
應自本法施行日起<u>1年</u>內，分別
依本法第六條至第十二條所定要
件，申請換領<u>營造業登記證書</u>及
<u>承攬工程手冊</u>者，指本法施行前
依營造業管理規則或土木包工業
管理辦法設立登記並於本法施行
後繼續營業之營造業或土木包工
業。

第25條
★★☆
〇check

外國營造業於我國申請設立登記
為營造業，應符合下列條件：
一、甲等綜合營造業：
　　（一）在我國設立登記之分公
　　　　　司，其在中華民國境內
　　　　　營業所用資金金額應達
　　　　　新臺幣<u>2250</u>萬元以上。
　　（二）置有具本法第七條第一
　　　　　項第一款資格之<u>專任工
　　　　　程人員</u>。
　　（三）領有其本國營造業登記
　　　　　證書<u>6年</u>以上，並於最

近10年內承攬工程竣
工累計額達新臺幣5億
元以上。

二、乙等綜合營造業：

(一) 在我國設立登記之分公
司，其在中華民國境內
營業所用資金金額應達
新臺幣1200萬元以上。

(二) 置有具本法第七條第一
項第一款資格之專任工
程人員。

(三) 領有其本國營造業登記
證書3年以上，並於最
近10年內承攬工程竣
工累計額達新臺幣2億
元以上。

三、丙等綜合營造業：

(一) 在我國設立登記之分公
司，其在中華民國境內
營業所用資金金額應達
新臺幣360萬元以上。

(二) 置有具本法第七條第一
項第一款資格之專任工
程人員。

四、 土木包工業：
　　（一）在我國設立登記之分公司，其在中華民國境內營業所用資金金額應達新臺幣100萬元以上。
　　（二）負責人應具有3年以上土木、建築工程施工經驗。
前項第一款第三目及第二款第三目之承攬工程竣工累計額認定，須經其本國營造業主管機關證明，並經我國駐外使領館、代表處、辦事處或其他經外交部授權之機構認證。
前項證明如以外文作成者，應提出中文譯本。

第25-1條 本細則中華民國107年8月22日
☆☆☆　修正施行後，第四條、第六條及
○check　前條所定之營造業，應於最近1次依本法第十七條規定申請複查前，辦理資本額增資。

第26條 本細則自發布日施行。
☆☆☆
○check

第四章

建築物室內裝修管理辦法

民國 108 年 06 月 17 日

第1條
☆☆☆
〇check

本辦法依建築法(以下簡稱本法)第七十七條之二第四項規定訂定之。

第2條
★☆☆
〇check

供公眾使用建築物及經內政部認定有必要之非供公眾使用建築物,其室內裝修應依本辦法之規定辦理。

第3條
★★★
〇check

本辦法所稱室內裝修,指除壁紙、壁布、窗簾、家具、活動隔屏、地氈等之黏貼及擺設外之下列行為:

一、固著於建築物構造體之天花板裝修。

二、內部牆面裝修。

三、高度超過地板面以上1.2公尺固定之隔屏或兼作櫥櫃使用之隔屏裝修。

四、分間牆變更。

第4條

☆☆☆
○check

本辦法所稱室內裝修從業者，指開業建築師、營造業及室內裝修業。

第5條

★☆☆
○check

室內裝修從業者業務範圍如下：

一、 依法登記開業之建築師得從事室內裝修設計業務。

二、 依法登記開業之營造業得從事室內裝修施工業務。

三、 室內裝修業得從事室內裝修設計或施工之業務。

第6條

☆☆☆
○check

本辦法所稱之審查機構，指經內政部指定置有審查人員執行室內裝修審核及查驗業務之直轄市建築師公會、縣(市)建築師公會辦事處或專業技術團體。

第7條

☆☆☆
○check

審查機構執行室內裝修審核及查驗業務，應擬訂作業事項並載明工作內容、收費基準與應負之責任及義務，報請直轄市、縣(市)主管建築機關核備。

前項作業事項由直轄市、縣(市)主管建築機關訂定規範。

第8條
☆☆☆
○check

本辦法所稱審查人員,指下列辦理審核圖說及竣工查驗之人員:

一、 經內政部指定之專業工業<u>技師</u>。

二、 直轄市、縣(市)主管建築機關指派之人員。

三、 審查機構指派所屬具<u>建築師</u>、<u>專業技術人員</u>資格之人員。

前項人員應先參加內政部主辦之審查人員講習合格,並領有結業證書者,始得擔任。但於主管建築機關從事建築管理工作2年以上並領有建築師證書者,得免參加講習。

第9條
★☆☆
○check

室內裝修業應依下列規定置專任專業技術人員:

一、 從事室內裝修設計業務者:專業設計技術人員1人以上。

二、 從事室內裝修施工業務者:專業施工技術人員1人以上。

三、 從事室內裝修設計及施工業務者:專業設計及專業施工技術人員各1人以上,或兼具專業設計及專業施工技術人員身分1人以上。

室內裝修業申請公司或商業登記時，其名稱應標示室內裝修字樣。

第10條
☆☆☆
○check

室內裝修業應於辦理公司或商業登記後，檢附下列文件，向內政部申請室內裝修業登記許可並領得登記證，未領得登記證者，不得執行室內裝修業務：
一、申請書。
二、公司或商業登記證明文件。
三、專業技術人員登記證。
室內裝修業變更登記事項時，應申請換發登記證。

第11條
★☆☆
○check

室內裝修業登記證有效期限為5年，逾期未換發登記證者，不得執行室內裝修業務。但本辦法中華民國108年6月17日修正施行前已核發之登記證，其有效期限適用修正前之規定。
室內裝修業申請換發登記證，應檢附下列文件：
一、申請書。
二、原登記證正本。
三、公司或商業登記證明文件。
四、專業技術人員登記證。

室內裝修業逾期未換發登記證者，得依前項規定申請換發。

已領得室內裝修業登記證且未於公司或商業登記名稱標示室內裝修字樣者，應於換證前完成辦理變更公司或商業登記名稱，於其名稱標示室內裝修字樣。但其公司或商業登記於中華民國89年9月2日前完成者，換證時得免於其名稱標示室內裝修字樣。

第12條
☆☆☆
○check

專業技術人員離職或死亡時，室內裝修業應於<u>1個月</u>內報請內政部備查。

前項人員因離職或死亡致不足第九條規定人數時，室內裝修業應於2個月內依規定補足之。

第13條
☆☆☆
○check

室內裝修業停業時，應將其登記證送繳內政部存查，於申請復業核准後發還之。

室內裝修業歇業時，應將其登記證送繳內政部並辦理註銷登記；其未送繳者，由內政部逕為廢止登記許可並註銷登記證。

室裝辦法

第14條
☆☆☆
◯check

直轄市、縣(市)主管建築機關得隨時派員查核所轄區域內室內裝修業之業務，必要時並得命其提出與業務有關文件及說明。

第15條
★☆☆
◯check

本辦法所稱專業技術人員，指向內政部辦理登記，從事室內裝修設計或施工之人員；依其執業範圍可分為專業設計技術人員及專業施工技術人員。

第16條
★★☆
◯check

專業設計技術人員，應具下列資格之一：
一、 領有建築師證書者。
二、 領有建築物室內設計乙級以上技術士證，並於申請日前5年內參加內政部主辦或委託專業機構、團體辦理之建築物室內設計訓練達21小時以上領有講習結業證書者。

第17條
★★☆
◯check

專業施工技術人員，應具下列資格之一：
一、 領有建築師、土木、結構工程技師證書者。
二、 領有建築物室內裝修工程管理、建築工程管理、裝潢木工或家具木工乙級以上技術

士證，並於申請日前5年內參加內政部主辦或委託專業機構、團體辦理之建築物室內裝修工程管理訓練達 **21小時** 以上領有講習結業證書者。其為領得裝潢木工或家具木工技術士證者，應分別增加40小時及60小時以上，有關混凝土、金屬工程、疊砌、粉刷、防水隔熱、面材舖貼、玻璃與壓克力按裝、油漆塗裝、水電工程及工程管理等訓練課程。

第18條

☆☆☆

〇check

專業技術人員向內政部申領登記證時，應檢附下列文件：

一、申請書。

二、建築師、土木、結構工程技師證書；或前二條規定之技術士證及講習結業證書。

本辦法中華民國92年6月24日修正施行前，曾參加由內政部舉辦之建築物室內裝修設計或施工講習，並測驗合格經檢附講習結業證書者，得免檢附前項第二款規定之技術士證及講習結業證書。

第19條
☆☆☆
○check

專業技術人員登記證不得供他人使用。

第20條
☆☆☆
○check

專業技術人員登記證有效期限為<u>5</u><u>年</u>，逾期未換發登記證者，不得從事室內裝修設計或施工業務。但本辦法中華民國108年6月17日修正施行前已核發之登記證，其有效期限適用修正前之規定。

專業技術人員申請換發登記證，應檢附下列文件：
一、申請書。
二、原登記證影本。
三、申請日前5年內參加內政部主辦或委託專業機構、團體辦理之回訓訓練達<u>16</u>小時以上並取得證明文件。但符合第十六條第一款或第十七條第一款資格者，免附。

專業技術人員逾期未換發登記證者，得依前項規定申請換發。

第21條　(刪除)

第22條
☆☆☆
○check

供公眾使用建築物或經內政部認定之非供公眾使用建築物之室內裝修，建築物起造人、所有權人

或使用人應向直轄市、縣(市)主
管建築機關或審查機構申請審核
圖說，審核合格並領得直轄市、
縣(市)主管建築機關發給之許可
文件後，始得施工。

非供公眾使用建築物變更為供公
眾使用或原供公眾使用建築物變
更為他種供公眾使用，應辦理變
更使用執照涉室內裝修者，室內
裝修部分應併同變更使用執照辦
理。

第23條
★★☆
○check

申請室內裝修審核時，應檢附下
列圖說文件：

一、申請書。

二、建築物權利證明文件。

三、前次核准使用執照平面圖、
　　室內裝修平面圖或申請建築
　　執照之平面圖。但經直轄市、
　　縣(市)主管建築機關查明檔
　　案資料確無前次核准使用執
　　照平面圖或室內裝修平面圖
　　屬實者，得以經開業建築師
　　簽證符合規定之現況圖替代
　　之。

四、室內裝修圖說。

前項第三款所稱現況圖為載明裝修樓層現況之<u>防火避難設施</u>、<u>消防安全設備</u>、<u>防火區劃</u>、<u>主要構造</u>位置之圖說，其比例尺不得小於<u>1/200</u>。

第24條
★★★
○check

室內裝修圖說包括下列各款：

一、<u>位置圖</u>：註明裝修地址、樓層及所在位置。

二、裝修<u>平面圖</u>：註明各部分之用途、尺寸及材料使用，其比例尺不得小於<u>1/100</u>。但經直轄市、(縣)市主管建築機關同意者，比例尺得放寬至1/200。

三、裝修<u>立面圖</u>：比例尺不得小於<u>1/100</u>。

四、裝修<u>剖面圖</u>：註明裝修各部分高度、內部設施及各部分之材料，其比例尺不得小於<u>1/100</u>。

五、<u>裝修詳細圖</u>：各部分之尺寸構造及材料，其比例尺不得小於<u>1/30</u>。

第25條
★☆☆
○check

室內裝修圖說應由開業建築師或專業設計技術人員署名負責。但建築物之分間牆位置變更、增加或減少經審查機構認定涉及公共安全時，應經開業建築師簽證負責。

第26條
★★☆
○check

直轄市、縣(市)主管建築機關或審查機構應就下列項目加以審核：
一、 申請圖說文件應齊全。
二、 裝修材料及分間牆構造應符合建築技術規則之規定。
三、 不得妨害或破壞防火避難設施、防火區劃及主要構造。

第27條
☆☆☆
○check

直轄市、縣(市)主管建築機關或審查機構受理室內裝修圖說文件之審核，應於收件之日起7日內指派審查人員審核完畢。審核合格者於申請圖說簽章；不合格者，應將不合規定之處詳為列舉，1次通知建築物起造人、所有權人或使用人限期改正，逾期未改正或復審仍不合規定者，得將申請案件予以駁回。

第28條
★☆☆
◯check

室內裝修不得妨害或破壞<u>消防安全設備</u>，其申請審核之圖說涉及消防安全設備變更者，應依消防法規規定辦理，並應於施工前取得當地消防主管機關審核合格之文件。

第29條
☆☆☆
◯check

室內裝修圖說經審核合格，領得<u>許可文件</u>後，建築物起造人、所有權人或使用人應將許可文件張貼於施工地點明顯處，並於規定期限內施工完竣後申請<u>竣工查驗</u>；因故未能於規定期限內完工時，得申請展期，未依規定申請展期，或已逾展期期限仍未完工者，其許可文件自規定得展期之期限屆滿之日起，失其效力。

前項之施工及展期期限，由直轄市、縣(市)主管建築機關定之。

第30條
★☆☆
◯check

室內裝修施工從業者應依照核定之室內裝修圖說施工；如於施工前或施工中變更設計時，仍應依本辦法申請辦理審核。但不變更<u>防火避難設施</u>、<u>防火區劃</u>，不降低原使用裝修材料<u>耐燃等級</u>或分間牆構造之<u>防火時效</u>者，得於竣

工後，備具第三十四條規定圖說，1次報驗。

第31條
☆☆☆
○check

室內裝修施工中，直轄市、縣(市)主管建築機關認有必要時，得隨時派員查驗，發現與核定裝修圖說不符者，應以書面通知起造人、所有權人、使用人或室內裝修從業者停工或修改；必要時依建築法有關規定處理。

直轄市、縣(市)主管建築機關派員查驗時，所派人員應出示其身分證明文件；其未出示身分證明文件者，起造人、所有權人、使用人及室內裝修從業者得拒絕查驗。

第32條
★★☆
○check

室內裝修工程完竣後，應由建築物起造人、所有權人或使用人會同室內裝修從業者向原申請審查機關或機構申請竣工查驗合格後，向直轄市、縣(市)主管建築機關申請核發室內裝修合格證明。

新建建築物於領得使用執照前申請室內裝修許可者，應於領得使用執照及室內裝修合格證明後，

室裝辦法

始得使用；其室內裝修涉及原建造執照核定圖樣及說明書之變更者，並應依本法第三十九條規定辦理。

直轄市、縣(市)主管建築機關或審查機構受理室內裝修竣工查驗之申請，應於7日內指派查驗人員至現場檢查。經查核與驗章圖說相符者，檢查表經查驗人員簽證後，應於5日內核發合格證明，對於不合格者，應通知建築物起造人、所有權人或使用人限期修改，逾期未修改者，審查機構應報請當地主管建築機關查明處理。

室內裝修涉及消防安全設備者，應由消防主管機關於核發室內裝修合格證明前完成消防安全設備竣工查驗。

第33條
★★☆
○check

申請室內裝修之建築物，其申請範圍用途為住宅或申請樓層之樓地板面積符合下列規定之一，且在裝修範圍內以1小時以上防火時效之防火牆、防火門窗區劃分隔，其未變更防火避難設施、消防安全設備、防火區劃及主要構

造者，得檢附經依法登記開業之建築師或室內裝修業專業設計技術人員簽章負責之室內裝修圖說向當地主管建築機關或審查機構申報施工，經主管建築機關核給期限後，准予進行施工。工程完竣後，檢附申請書、建築物權利證明文件及經營造業專任工程人員或室內裝修業專業施工技術人員竣工查驗合格簽章負責之檢查表，向當地主管建築機關或審查機構申請審查許可，經審核其申請文件齊全後，發給室內裝修合格證明：

一、 <u>10層</u>以下樓層及地下室各層，室內裝修之樓地板面積在<u>300平方公尺</u>以下者。

二、 <u>11層</u>以上樓層，室內裝修之樓地板面積在<u>100平方公尺</u>以下者。

前項裝修範圍貫通2層以上者，應累加合計，且合計值不得超過任一樓層之最小允許值。

當地主管建築機關對於第一項之簽章負責項目得視實際需要抽查之。

第34條
☆☆☆
○check

申請竣工查驗時，應檢附下列圖說文件：

一、申請書。

二、原領室內裝修審核合格文件。

三、室內裝修竣工圖說。

四、其他經內政部指定之文件。

第35條
★★☆
○check

室內裝修從業者有下列情事之一者，當地主管建築機關應查明屬實後，報請內政部視其情節輕重，予以警告、6個月以上1年以下停止室內裝修業務處分或1年以上3年以下停止換發登記證處分：

一、變更登記事項時，未依規定申請換發登記證。

二、施工材料與規定不符或未依圖說施工，經當地主管建築機關通知限期修改逾期未修改。

三、規避、妨礙或拒絕主管機關業務督導。

四、受委託設計之圖樣、說明書、竣工查驗合格簽章之檢查表或其他書件經抽查結果與相關法令規定不符。

五、由非專業技術人員從事室內

　　　　裝修設計或施工業務。

六、 僱用專業技術人員<u>人數不足</u>，
　　 未依規定補足。

第36條
★☆☆
○check
室內裝修業有下列情事之一者，
經當地主管建築機關查明屬實
後，報請內政部廢止室內裝修業
登記許可並註銷登記證：

一、 登記證供他人從事室內裝修
　　 業務。

二、 受停業處分累計滿**3年**。

三、 受停止換發登記證處分累計
　　 3次。

第37條
☆☆☆
○check
室內裝修業申請登記證所檢附之
文件不實者，當地主管建築機關
應查明屬實後，報請內政部撤銷
室內裝修業登記證。

第38條
★☆☆
○check
專業技術人員有下列情事之一
者，當地主管建築機關應查明屬
實後，報請內政部視其情節輕重，
予以警告、**6個月**以上**1年**以下停
止執行職務處分或**1年**以上**3年**以
下停止換發登記證處分：

一、 受委託設計之圖樣、說明書、
　　 竣工查驗合格簽章之檢查表
　　 或其他書件經抽查結果與相

關法令規定不符。

二、 未依審核合格圖說施工。

第39條
★☆☆
○check

專業技術人員有下列情事之一者，當地主管建築機關應查明屬實後，報請內政部廢止登記許可並註銷登記證：

一、 專業技術人員登記證供所受聘室內裝修業以外使用。

二、 10年內受停止執行職務處分累計滿 2年。

三、 受停止換發登記證處分累計 3次。

第40條
☆☆☆
○check

經依第三十六條、第三十七條或前條規定廢止或撤銷登記證未滿 3年者，不得重新申請登記。

前項期限屆滿後，重新依第十八條第一項規定申請登記證者，應重新取得講習結業證書。

第41條
☆☆☆
○check

本辦法所需書表格式，除第三十三條所需書表格式由當地主管建築機關定之外，由內政部定之。

第42條
☆☆☆
○check

本辦法自中華民國100年4月1日施行。

本辦法修正條文自發布日施行。

第五章

公寓大廈管理條例

民國 105 年 11 月 16 日

 總則

第1條
☆☆☆
○check

為加強公寓大廈之管理維護，提昇居住品質，特制定本條例。
本條例未規定者，適用其他法令之規定。

第2條
☆☆☆
○check

本條例所稱主管機關：在中央為內政部；在直轄市為直轄市政府；在縣(市)為縣(市)政府。

第3條
★★★
○check

本條例用辭定義如下：
一、 公寓大廈：指構造上或使用上或在建築執照設計圖樣標有明確界線，得區分為數部分之建築物及其基地。
二、 區分所有：指數人區分一建築物而各有其專有部分，並就其共用部分按其應有部分有所有權。

三、專有部分：指公寓大廈之一部分，具有使用上之獨立性，且為區分所有之標的者。

四、共用部分：指公寓大廈專有部分以外之其他部分及不屬專有之附屬建築物，而供共同使用者。

五、約定專用部分：公寓大廈共用部分經約定供特定區分所有權人使用者。

六、約定共用部分：指公寓大廈專有部分經約定供共同使用者。

七、區分所有權人會議：指區分所有權人為共同事務及涉及權利義務之有關事項，召集全體區分所有權人所舉行之會議。

八、住戶：指公寓大廈之區分所有權人、承租人或其他經區分所有權人同意而為專有部分之使用者或業經取得停車空間建築物所有權者。

九、管理委員會：指為執行區分所有權人會議決議事項及公寓大廈管理維護工作，由區

分所有權人選任住戶若干人
為管理委員所設立之組織。

十、管理負責人：指未成立管理
委員會，由區分所有權人推
選住戶1人或依第二十八條
第三項、第二十九條第六項
規定為負責管理公寓大廈事
務者。

十一、管理服務人：指由區分所
有權人會議決議或管理負
責人或管理委員會僱傭或
委任而執行建築物管理維
護事務之公寓大廈管理服
務人員或管理維護公司。

十二、規約：公寓大廈區分所有
權人為增進共同利益，確
保良好生活環境，經區分
所有權人會議決議之共同
遵守事項。

第(二)章 住戶之權利義務

第4條
☆☆☆
○check

區分所有權人除法律另有限制
外，對其專有部分，得自由使用、
收益、處分，並排除他人干涉。
專有部分不得與其所屬建築物共

用部分之應有部分及其基地所有權或地上權之應有部分分離而為移轉或設定負擔。

第5條
★☆☆
◯check

區分所有權人對專有部分之利用，不得有妨害建築物之<u>正常使用</u>及違反區分所有權人<u>共同利益</u>之行為。

第6條
★★★
◯check

住戶應遵守下列事項：

一、於維護、修繕專有部分、約定專用部分或行使其權利時，不得妨害其他住戶之<u>安寧</u>、<u>安全</u>及<u>衛生</u>。

二、他住戶因<u>維護</u>、<u>修繕</u>專有部分、約定專用部分或設置管線，必須進入或使用其專有部分或約定專用部分時，<u>不得拒絕</u>。

三、管理負責人或管理委員會因<u>維護</u>、<u>修繕</u>共用部分或設置管線，必須進入或使用其專有部分或約定專用部分時，<u>不得拒絕</u>。

四、於維護、修繕專有部分、約定專用部分或設置管線，必須使用共用部分時，應經管

理負責人或管理委員會之同
意後為之。

五、 其他法令或規約規定事項。

前項第二款至第四款之進入或使
用，應擇其損害最少之處所及方
法為之，並應修復或補償所生損
害。

住戶違反第一項規定，經協調仍
不履行時，住戶、管理負責人或
管理委員會得按其性質請求各該
主管機關或訴請法院為必要之處
置。

第7條
★★☆
○check

公寓大廈共用部分不得獨立使用
供做專有部分。其為下列各款者，
並不得為約定專用部分：

一、 公寓大廈本身所占之地面。

二、 連通數個專有部分之走廊或
樓梯，及其通往室外之通路
或門廳；社區內各巷道、防
火巷弄。

三、 公寓大廈基礎、主要樑柱、
承重牆壁、樓地板及屋頂之
構造。

四、 約定專用有違法令使用限制
之規定者。

五、 其他有固定使用方法，並屬區分所有權人生活利用上<u>不可或缺</u>之共用部分。

第8條

★☆☆

○check

公寓大廈周圍上下、外牆面、樓頂平臺及不屬專有部分之防空避難設備，其變更構造、顏色、設置廣告物、鐵鋁窗或其他類似之行為，除應依法令規定辦理外，該公寓大廈規約另有規定或區分所有權人會議已有決議，經向直轄市、縣(市)主管機關完成報備有案者，應受該規約或區分所有權人會議決議之限制。

公寓大廈有12歲以下兒童或65歲以上老人之住戶，外牆開口部或陽臺得設置<u>不妨礙逃生且不突出</u>外牆面之<u>防墜設施</u>。防墜設施設置後，設置理由消失且不符前項限制者，區分所有權人應予改善或回復原狀。

住戶違反第一項規定，管理負責人或管理委員會應予制止，經制止而不遵從者，應報請主管機關依第四十九條第一項規定處理，該住戶並應於1個月內回復原狀。屆期未回復原狀者，得由管理負

責人或管理委員會回復原狀，其費用由該住戶負擔。

第9條

★☆☆

○check

各區分所有權人按其共有之應有部分比例，對建築物之共用部分及其基地有<u>使用收益之權</u>。但另有約定者從其約定。

住戶對共用部分之使用應依其設置目的及通常使用方法為之。但另有約定者從其約定。

前二項但書所約定事項，不得違反本條例、區域計畫法、都市計畫法及建築法令之規定。

住戶違反第二項規定，管理負責人或管理委員會應予制止，並得按其性質請求各該主管機關或訴請法院為必要之處置。如有損害並得請求損害賠償。

第10條

★☆☆

○check

專有部分、約定專用部分之<u>修繕、管理、維護</u>，由各該區分所有權人或約定專用部分之使用人為之，並負擔其費用。

共用部分、約定共用部分之修繕、管理、維護，由管理負責人或管理委員會為之。其費用由<u>公共基金</u>支付或由區分所有權人按其共

有之應有部分比例分擔之。但修繕費係因可歸責於區分所有權人或住戶之事由所致者，由該區分所有權人或住戶負擔。其費用若區分所有權人會議或規約另有規定者，從其規定。

前項共用部分、約定共用部分，若涉及公共環境清潔衛生之維持、公共消防滅火器材之維護、公共通道溝渠及相關設施之修繕，其費用政府得視情況予以補助，補助辦法由直轄市、縣(市)政府定之。

第11條
☆☆☆
○check

共用部分及其相關設施之拆除、重大修繕或改良，應依區分所有權人會議之決議為之。

前項費用，由公共基金支付或由區分所有權人按其共有之應有部分比例分擔。

第12條
★☆☆
○check

專有部分之共同壁及樓地板或其內之管線，其維修費用由該共同壁雙方或樓地板上下方之區分所有權人共同負擔。但修繕費係因可歸責於區分所有權人之事由所致者，由該區分所有權人負擔。

第13條

★☆☆
○check

公寓大廈之重建，應經全體區分所有權人及基地所有權人、地上權人或典權人之同意。但有下列情形之一者，不在此限：

一、 配合都市更新計畫而實施重建者。

二、 嚴重毀損、傾頹或朽壞，有危害公共安全之虞者。

三、 因地震、水災、風災、火災或其他重大事變，肇致危害公共安全者。

第14條

☆☆☆
○check

公寓大廈有前條第二款或第三款所定情形之一，經區分所有權人會議決議重建時，區分所有權人不同意決議又不出讓區分所有權或同意後不依決議履行其義務者，管理負責人或管理委員會得訴請法院命區分所有權人出讓其區分所有權及其基地所有權應有部分。

前項之受讓人視為同意重建。

重建之建造執照之申請，其名義以區分所有權人會議之決議為之。

第15條

☆☆☆
○check

住戶應依使用執照所載用途及規約使用專有部分、約定專用部分，不得擅自變更。

住戶違反前項規定，管理負責人或管理委員會應予制止，經制止而不遵從者，報請直轄市、縣(市)主管機關處理，並要求其回復原狀。

第16條

★☆☆
○check

住戶不得任意棄置垃圾、排放各種污染物、惡臭物質或發生喧囂、振動及其他與此相類之行為。

住戶不得於私設通路、防火間隔、防火巷弄、開放空間、退縮空地、樓梯間、共同走廊、防空避難設備等處所堆置雜物、設置柵欄、門扇或營業使用，或違規設置廣告物或私設路障及停車位侵占巷道妨礙出入。但開放空間及退縮空地，在直轄市、縣(市)政府核准範圍內，得依規約或區分所有權人會議決議供營業使用；防空避難設備，得為原核准範圍之使用；其兼作停車空間使用者，得依法供公共收費停車使用。

住戶為維護、修繕、裝修或其他類似之工作時，未經申請主管建

築機關核准，不得破壞或變更建築物之主要構造。

住戶飼養動物，不得妨礙公共衛生、公共安寧及公共安全。但法令或規約另有禁止飼養之規定時，從其規定。

住戶違反前四項規定時，管理負責人或管理委員會應予制止或按規約處理，經制止而不遵從者，得報請直轄市、縣(市)主管機關處理。

第17條
★☆☆
○check

住戶於公寓大廈內依法經營餐飲、瓦斯、電焊或其他危險營業或存放有爆炸性或易燃性物品者，應依中央主管機關所定保險金額投保公共意外責任保險。其因此增加其他住戶投保火災保險之保險費者，並應就其差額負補償責任。其投保、補償辦法及保險費率由中央主管機關會同財政部定之。

前項投保公共意外責任保險，經催告於7日內仍未辦理者，管理負責人或管理委員會應代為投保；其保險費、差額補償費及其他費用，由該住戶負擔。

第18條
★★★
○check

公寓大廈應設置公共基金，其來源如下：

一、起造人就公寓大廈領得使用執照1年內之管理維護事項，應按工程造價一定比例或金額提列。

二、區分所有權人依區分所有權人會議決議繳納。

三、本基金之孳息。

四、其他收入。

依前項第一款規定提列之公共基金，起造人於該公寓大廈使用執照申請時，應提出繳交各直轄市、縣(市)主管機關公庫代收之證明；於公寓大廈成立管理委員會或推選管理負責人，並完成依第五十七條規定點交共用部分、約定共用部分及其附屬設施設備後向直轄市、縣(市)主管機關報備，由公庫代為撥付。同款所稱比例或金額，由中央主管機關定之。

公共基金應設專戶儲存，並由管理負責人或管理委員會負責管理；如經區分所有權人會議決議交付信託者，由管理負責人或管理委員會交付信託。

其運用應依區分所有權人會議之
決議為之。

第一項及第二項所規定起造人應
提列之公共基金，於本條例公布
施行前，起造人已取得建造執照
者，不適用之。

第19條
☆☆☆
〇check

區分所有權人對於公共基金之權
利應隨區分所有權之移轉而移轉；
不得因個人事由為讓與、扣押、
抵銷或設定負擔。

第20條
★☆☆
〇check

管理負責人或管理委員會應定期
將公共基金或區分所有權人、住
戶應分擔或其他應負擔費用之收
支、保管及運用情形公告，並於
解職、離職或管理委員會改組時，
將公共基金收支情形、會計憑證、
會計帳簿、財務報表、印鑑及餘
額移交新管理負責人或新管理委
員會。

管理負責人或管理委員會拒絕前
項公告或移交，經催告於7日內
仍不公告或移交時，得報請主管
機關或訴請法院命其公告或移
交。

第21條

☆☆☆

○check

區分所有權人或住戶積欠應繳納之公共基金或應分擔或其他應負擔之費用已逾**2期**或達相當金額，經定相當期間催告仍不給付者，管理負責人或管理委員會得訴請法院命其給付應繳之金額及遲延利息。

第22條

★★☆

○check

住戶有下列情形之一者，由管理負責人或管理委員會促請其改善，於**3個月**內仍未改善者，管理負責人或管理委員會得依區分所有權人會議之決議，訴請法院強制其遷離：

一、 積欠依本條例規定應分擔之費用，經強制執行後再度積欠金額達其區分所有權總價**1%**者。

二、 違反本條例規定經依第四十九條第一項第一款至第四款規定處以罰鍰後，仍不改善或續犯者。

三、 其他違反法令或規約情節重大者。

前項之住戶如為區分所有權人時，管理負責人或管理委員會得依區分所有權人會議之決議，訴

請法院命區分所有權人出讓其區分所有權及其基地所有權應有部分；於判決確定後3個月內不自行出讓並完成移轉登記手續者，管理負責人或管理委員會得聲請法院拍賣之。

前項拍賣所得，除其他法律另有規定外，於積欠本條例應分擔之費用，其受償順序與第一順位抵押權同。

第23條
★★☆
○check

有關公寓大廈、基地或附屬設施之管理使用及其他住戶間相互關係，除法令另有規定外，得以規約定之。

規約除應載明專有部分及共用部分範圍外，下列各款事項，非經載明於規約者，不生效力：

一、約定專用部分、約定共用部分之範圍及使用主體。

二、各區分所有權人對建築物共用部分及其基地之使用收益權及住戶對共用部分使用之特別約定。

三、禁止住戶飼養動物之特別約定。

四、違反義務之處理方式。

五、 <u>財務運作</u>之監督規定。

六、 區分所有權人會議決議有出席及同意之區分所有權人人數及其<u>區分所有權比例</u>之特別約定。

七、 <u>糾紛</u>之協調程序。

第24條
☆☆☆
◯check

區分所有權之繼受人，應於繼受前向管理負責人或管理委員會請求閱覽或影印第三十五條所定文件，並應於繼受後遵守原區分所有權人依本條例或規約所定之一切權利義務事項。

公寓大廈專有部分之無權占有人，應遵守依本條例規定住戶應盡之義務。

無權占有人違反前項規定，準用第二十一條、第二十二條、第四十七條、第四十九條住戶之規定。

(第)(三)(章) **管理組織**

第25條
★☆☆
◯check

區分所有權人會議，由全體區分所有權人組成，<u>每年</u>至少應召開定期會議1次。

有下列情形之一者，應召開臨時
會議：
一、發生重大事故有及時處理之
　　必要，經管理負責人或管理
　　委員會請求者。
二、經區分所有權人1/5以上及
　　其區分所有權比例合計1/5
　　以上，以書面載明召集之目
　　的及理由請求召集者。
區分所有權人會議除第二十八條
規定外，由具區分所有權人身分
之管理負責人、管理委員會主任
委員或管理委員為召集人；管理
負責人、管理委員會主任委員或
管理委員喪失區分所有權人資格
日起，視同解任。無管理負責人
或管理委員會，或無區分所有權
人擔任管理負責人、主任委員或
管理委員時，由區分所有權人互
推1人為召集人；召集人任期依
區分所有權人會議或依規約規
定，任期1至2年，連選得連任1
次。但區分所有權人會議或規約
未規定者，任期1年，連選得連
任1次。
召集人無法依前項規定互推產生
時，各區分所有權人得申請直轄

市、縣(市)主管機關指定臨時召集人，區分所有權人不申請指定時，直轄市、縣(市)主管機關得視實際需要指定區分所有權人1人為臨時召集人，或依規約輪流擔任，其任期至互推召集人為止。

第26條
☆☆☆
○check

非封閉式之公寓大廈集居社區其地面層為各自獨立之數幢建築物，且區內屬住宅與辦公、商場混合使用，其辦公、商場之出入口各自獨立之公寓大廈，各該幢內之辦公、商場部分，得就該幢或結合他幢內之辦公、商場部分，經其區分所有權人過半數書面同意，及全體區分所有權人會議決議或規約明定下列各款事項後，以該辦公、商場部分召開區分所有權人會議，成立管理委員會，並向直轄市、縣(市)主管機關報備。

一、共用部分、約定共用部分範圍之劃分。
二、共用部分、約定共用部分之修繕、管理、維護範圍及管理維護費用之分攤方式。
三、公共基金之分配。

四、 會計憑證、會計帳簿、財務報表、印鑑、餘額及第三十六條第八款規定保管文件之移交。

五、 全體區分所有權人會議與各該辦公、商場部分之區分所有權人會議之分工事宜。

第二十條、第二十七條、第二十九條至第三十九條、第四十八條、第四十九條第一項第七款及第五十四條規定，於依前項召開或成立之區分所有權人會議、管理委員會及其主任委員、管理委員準用之。

第27條
★☆☆
○check

各專有部分之區分所有權人有<u>一表決權</u>。數人共有一專有部分者，該表決權應推由1人行使。

區分所有權人會議之出席人數與表決權之計算，於任一區分所有權人之區分所有權占全部區分所有權**1/5**以上者，或任一區分所有權人所有之專有部分之個數超過全部專有部分個數總合之1/5以上者，其超過部分不予計算。

區分所有權人因故無法出席區分

所有權人會議時，得以書面委託配偶、有行為能力之直系血親、其他區分所有權人或承租人代理出席；受託人於受託之區分所有權占全部區分所有權1/5以上者，或以單一區分所有權計算之人數超過區分所有權人數1/5者，其超過部分不予計算。

第28條

★★☆
○check

公寓大廈建築物所有權登記之區分所有權人達半數以上及其區分所有權比例合計半數以上時，起造人應於3個月內召集區分所有權人召開區分所有權人會議，成立管理委員會或推選管理負責人，並向直轄市、縣(市)主管機關報備。

前項起造人為數人時，應互推一人為之。出席區分所有權人之人數或其區分所有權比例合計未達第三十一條規定之定額而未能成立管理委員會時，起造人應就同一議案重新召集會議1次。

起造人於召集區分所有權人召開區分所有權人會議成立管理委員會或推選管理負責人前，為公寓大廈之管理負責人。

第29條
★☆☆
○check

公寓大廈應成立<u>管理委員會</u>或推選<u>管理負責人</u>。

公寓大廈成立管理委員會者，應由管理委員互推1人為<u>主任委員</u>，主任委員對外代表管理委員會。主任委員、管理委員之選任、解任、權限與其委員人數、召集方式及事務執行方法與代理規定，依區分所有權人會議之決議。但規約另有規定者，從其規定。

管理委員、主任委員及管理負責人之任期，依區分所有權人會議或規約之規定，任期<u>1至2</u>年，<u>主任委員</u>、<u>管理負責人</u>、負責<u>財務</u>管理及<u>監察</u>業務之管理委員，連選得連任<u>1次</u>，其餘管理委員，連選<u>得連任</u>。但區分所有權人會議或規約未規定者，任期<u>1</u>年，主任委員、管理負責人、負責財務管理及監察業務之管理委員，連選得連任<u>1次</u>，其餘管理委員，連選得連任。

前項管理委員、主任委員及管理負責人任期屆滿未再選任或有第二十條第二項所定之拒絕移交者，自任期屆滿日起，視同解任。

公寓大廈之住戶非該專有部分之區分所有權人者，除區分所有權人會議之決議或規約另有規定外，得被選任、推選為管理委員、主任委員或管理負責人。

公寓大廈未組成管理委員會且未推選管理負責人時，以第二十五條區分所有權人互推之召集人或申請指定之臨時召集人為管理負責人。區分所有權人無法互推召集人或申請指定臨時召集人時，區分所有權人得申請直轄市、縣(市)主管機關指定住戶1人為管理負責人，其任期至成立管理委員會、推選管理負責人或互推召集人為止。

第30條
★★☆
○check

區分所有權人會議，應由召集人於開會前10日以書面載明開會內容，通知各區分所有權人。但有急迫情事須召開臨時會者，得以公告為之；公告期間不得少於2日。管理委員之選任事項，應在前項開會通知中載明並公告之，不得以臨時動議提出。

第31條

★★★

◯check

區分所有權人會議之決議，除規約另有規定外，應有區分所有權人 **2/3** 以上及其區分所有權比例合計 **2/3** 以上出席，以出席人數 **3/4** 以上及其區分所有權比例占出席人數區分所有權 **3/4** 以上之同意行之。

第32條

★★☆

◯check

區分所有權人會議依前條規定未獲致決議、出席區分所有權人之人數或其區分所有權比例合計未達前條定額者，召集人得就同一議案重新召集會議；其開議除規約另有規定出席人數外，應有區分所有權人 **3人** 並 **1/5** 以上及其區分所有權比例合計 **1/5** 以上出席，以出席人數過半數及其區分所有權比例占出席人數區分所有權合計過半數之同意作成決議。

前項決議之會議紀錄依第三十四條第一項規定送達各區分所有權人後，各區分所有權人得於 **7日** 內以書面表示反對意見。書面反對意見未超過全體區分所有權人及其區分所有權比例合計半數時，該決議視為成立。

第一項會議主席應於會議決議成立後 **10日** 內以 **書面** 送達全體區分所有權人並公告之。

第33條
☆☆☆
○check

區分所有權人會議之決議，未經依下列各款事項辦理者，不生效力：

一、 專有部分經依區分所有權人會議約定為約定共用部分者，應經該專有部分區分所有權人同意。

二、 公寓大廈外牆面、樓頂平臺，設置廣告物、無線電台基地台等類似強波發射設備或其他類似之行為，設置於屋頂者，應經頂層區分所有權人同意；設置其他樓層者，應經該樓層區分所有權人同意。該層住戶，並得參加區分所有權人會議陳述意見。

三、 依第五十六條第一項規定成立之約定專用部分變更時，應經使用該約定專用部分之區分所有權人同意。但該約定專用顯已違反公共利益，經管理委員會或管理負責人訴請法院判決確定者，不在此限。

第34條

★☆☆
○check

區分所有權人會議應作成會議紀錄，載明開會經過及決議事項，由主席簽名，於會後**15日**內送達各區分所有權人並公告之。

前項會議紀錄，應與出席區分所有權人之簽名簿及代理出席之委託書一併保存。

第35條

☆☆☆
○check

利害關係人於必要時，得請求閱覽或影印規約、公共基金餘額、會計憑證、會計帳簿、財務報表、欠繳公共基金與應分攤或其他應負擔費用情形、管理委員會會議紀錄及前條會議紀錄，管理負責人或管理委員會不得拒絕。

第36條

★★★
○check

管理委員會之職務如下：

一、 區分所有權人會議決議事項之執行。

二、 共有及共用部分之清潔、維護、修繕及一般改良。

三、 公寓大廈及其周圍之安全及環境維護事項。

四、 住戶共同事務應興革事項之建議。

五、 住戶違規情事之制止及相關資料之提供。

六、住戶違反第六條第一項規定
　　之協調。

七、收益、公共基金及其他經費
　　之收支、保管及運用。

八、規約、會議紀錄、使用執照
　　謄本、竣工圖說、水電、消
　　防、機械設施、管線圖說、
　　會計憑證、會計帳簿、財務
　　報表、公共安全檢查及消防
　　安全設備檢修之申報文件、
　　印鑑及有關文件之保管。

九、管理服務人之委任、僱傭及
　　監督。

十、會計報告、結算報告及其他
　　管理事項之提出及公告。

十一、共用部分、約定共用部分
　　　及其附屬設施設備之點收
　　　及保管。

十二、依規定應由管理委員會申
　　　報之公共安全檢查與消防
　　　安全設備檢修之申報及改
　　　善之執行。

十三、其他依本條例或規約所定
　　　事項。

第37條
☆☆☆
○check

管理委員會會議決議之內容不得違反本條例、規約或區分所有權人會議決議。

第38條
☆☆☆
○check

管理委員會有當事人能力。
管理委員會為原告或被告時，應將訴訟事件要旨速告區分所有權人。

第39條
☆☆☆
○check

管理委員會應向區分所有權人會議負責，並向其報告會務。

第40條
☆☆☆
○check

第三十六條、第三十八條及前條規定，於管理負責人準用之。

（第）（四）（章）**管理服務人**

第41條
☆☆☆
○check

公寓大廈管理維護公司應經中央主管機關許可及辦理公司登記，並向中央主管機關申領登記證後，始得執業。

第42條
☆☆☆
○check

公寓大廈管理委員會、管理負責人或區分所有權人會議，得委任或僱傭領有中央主管機關核發之登記證或認可證之<u>公寓大廈管理</u>

維護公司或管理服務人員執行管理維護事務。

第43條
☆☆☆
〇check

公寓大廈管理維護公司，應依下列規定執行業務：

一、 應依規定類別，聘僱一定人數領有中央主管機關核發認可證之繼續性從業之管理服務人員，並負監督考核之責。

二、 應指派前款之管理服務人員辦理管理維護事務。

三、 應依業務執行規範執行業務。

第44條
☆☆☆
〇check

受僱於公寓大廈管理維護公司之管理服務人員，應依下列規定執行業務：

一、 應依核准業務類別、項目執行管理維護事務。

二、 不得將管理服務人員認可證提供他人使用或使用他人之認可證執業。

三、 不得同時受聘於2家以上之管理維護公司。

四、 應參加中央主管機關舉辦或委託之相關機構、團體辦理之訓練。

第45條

☆☆☆

◯check

前條以外之公寓大廈管理服務人員，應依下列規定執行業務：

一、 應依核准業務類別、項目執行管理維護事務。

二、 不得將管理服務人員認可證提供他人使用或使用他人之認可證執業。

三、 應參加中央主管機關舉辦或委託之相關機構、團體辦理之訓練。

第46條

☆☆☆

◯check

第四十一條至前條公寓大廈管理維護公司及管理服務人員之資格、條件、管理維護公司聘僱管理服務人員之類別與一定人數、登記證與認可證之申請與核發、業務範圍、業務執行規範、責任、輔導、獎勵、參加訓練之方式、內容與時數、受委託辦理訓練之機構、團體之資格、條件與責任及登記費之收費基準等事項之管理辦法，由中央主管機關定之。

第五章 罰則

第47條
☆☆☆
○check

有下列行為之一者，由直轄市、縣(市)主管機關處新臺幣3000元以上15000元以下罰鍰，並得令其限期改善或履行義務、職務；屆期不改善或不履行者，得連續處罰：

一、 區分所有權人會議召集人、起造人或臨時召集人違反第二十五條或第二十八條所定之召集義務者。

二、 住戶違反第十六條第一項或第四項規定者。

三、 區分所有權人或住戶違反第六條規定，主管機關受理住戶、管理負責人或管理委員會之請求，經通知限期改善，屆期不改善者。

第48條
☆☆☆
○check

有下列行為之一者，由直轄市、縣(市)主管機關處新臺幣1000元以上5000元以下罰鍰，並得令其限期改善或履行義務、職務；屆期不改善或不履行者，得連續處罰：

一、管理負責人、主任委員或管理委員未善盡督促第十七條所定住戶投保責任保險之義務者。

二、管理負責人、主任委員或管理委員無正當理由未執行第二十二條所定促請改善或訴請法院強制遷離或強制出讓該區分所有權之職務者。

三、管理負責人、主任委員或管理委員無正當理由違反第三十五條規定者。

四、管理負責人、主任委員或管理委員無正當理由未執行第三十六條第一款、第五款至第十二款所定之職務，顯然影響住戶權益者。

第49條
☆☆☆
〇check

有下列行為之一者，由直轄市、縣(市)主管機關處新臺幣4萬元以上20萬元以下罰鍰，並得令其限期改善或履行義務；屆期不改善或不履行者，得連續處罰：

一、區分所有權人對專有部分之利用違反第五條規定者。

二、住戶違反第八條第一項或第九條第二項關於公寓大廈變

更使用限制規定，經制止而不遵從者。

三、住戶違反第十五條第一項規定擅自變更專有或約定專用之使用者。

四、住戶違反第十六條第二項或第三項規定者。

五、住戶違反第十七條所定投保責任保險之義務者。

六、區分所有權人違反第十八條第一項第二款規定未繳納公共基金者。

七、管理負責人、主任委員或管理委員違反第二十條所定之公告或移交義務者。

八、起造人或建築業者違反第五十七條或第五十八條規定者。

有供營業使用事實之住戶有前項第三款或第四款行為，因而致人於死者，處1年以上7年以下有期徒刑，得併科新臺幣100萬元以上500萬元以下罰金；致重傷者，處6個月以上5年以下有期徒刑，得併科新臺幣50萬元以上250萬元以下罰金。

第50條
☆☆☆
○check

從事公寓大廈管理維護業務之管理維護公司或管理服務人員違反第四十二條規定，未經領得登記證、認可證或經廢止登記證、認可證而營業，或接受公寓大廈管理委員會、管理負責人或區分所有權人會議決議之委任或僱傭執行公寓大廈管理維護服務業務者，由直轄市、縣(市)主管機關勒令其停業或停止執行業務，並處新臺幣**4萬元**以上**20萬元**以下罰鍰；其拒不遵從者，得按次連續處罰。

第51條
☆☆☆
○check

公寓大廈管理維護公司，違反第四十三條規定者，中央主管機關應通知限期改正；屆期不改正者，得予停業、廢止其許可或登記證或處新臺幣**3萬元**以上**15萬元**以下罰鍰；其未依規定向中央主管機關申領登記證者，中央主管機關應廢止其許可。

受僱於公寓大廈管理維護公司之管理服務人員，違反第四十四條規定者，中央主管機關應通知限期改正；屆期不改正者，得廢止其認可證或停止其執行公寓大廈

管理維護業務<u>3個月</u>以上<u>3年</u>以下或處新臺幣<u>3000元</u>以上<u>15000元</u>以下罰鍰。

前項以外之公寓大廈管理服務人員，違反第四十五條規定者，中央主管機關應通知限期改正；屆期不改正者，得廢止其認可證或停止其執行公寓大廈管理維護業務<u>6個月</u>以上<u>3年</u>以下或處新臺幣<u>3000元</u>以上<u>15000元</u>以下罰鍰。

第52條
☆☆☆
○check
依本條例所處之罰鍰，經限期繳納，屆期仍不繳納者，依法移送強制執行。

 第六章 附則

第53條
☆☆☆
○check
多數各自獨立使用之建築物、公寓大廈，其共同設施之使用與管理具有整體不可分性之集居地區者，其管理及組織準用本條例之規定。

第54條
☆☆☆
○check
本條例所定應行催告事項，由管理負責人或管理委員會以書面為之。

第55條

☆☆☆

○check

本條例施行前已取得建造執照之公寓大廈，其區分所有權人應依第二十五條第四項規定，互推1人為<u>召集人</u>，並召開第1次區分所有權人會議，成立管理委員會或推選管理負責人，並向直轄市、縣(市)主管機關報備。

前項公寓大廈於區分所有權人會議訂定規約前，以第六十條規約範本視為規約。但得不受第七條各款不得為約定專用部分之限制。

對第一項未成立管理組織並報備之公寓大廈，直轄市、縣(市)主管機關得分期、分區、分類(按樓高或使用之不同等分類)擬定計畫，輔導召開區分所有權人會議成立管理委員會或推選管理負責人，並向直轄市、縣(市)主管機關報備。

第56條

☆☆☆

○check

公寓大廈之起造人於申請建造執照時，應檢附專有部分、共用部分、約定專用部分、約定共用部分標示之<u>詳細圖說</u>及<u>規約草約</u>。於設計變更時亦同。

前項規約草約經承受人簽署同意後，於區分所有權人會議訂定規約前，視為規約。

公寓大廈之起造人或區分所有權人應依使用執照所記載之用途及下列測繪規定，辦理建物所有權第1次登記：

一、 獨立建築物所有權之牆壁，以牆之外緣為界。

二、 建築物共用之牆壁，以牆壁之中心為界。

三、 附屬建物以其外緣為界辦理登記。

四、 有隔牆之共用牆壁，依第二款之規定，無隔牆設置者，以使用執照竣工平面圖區分範圍為界，其面積應包括四周牆壁之厚度。

第一項共用部分之圖說，應包括設置管理維護使用空間之詳細位置圖說。

本條例中華民國92年12月9日修正施行前，領得使用執照之公寓大廈，得設置一定規模、高度之管理維護使用空間，並不計入建築面積及總樓地板面積；其免計

入建築面積及總樓地板面積之一定規模、高度之管理維護使用空間及設置條件等事項之辦法，由直轄市、縣(市)主管機關定之。

第57條
☆☆☆
〇check

起造人應將公寓大廈共用部分、約定共用部分與其附屬設施設備；設施設備使用維護手冊及廠商資料、使用執照謄本、竣工圖說、水電、機械設施、消防及管線圖說，於管理委員會成立或管理負責人推選或指定後7日內會同政府主管機關、公寓大廈管理委員會或管理負責人現場針對水電、機械設施、消防設施及各類管線進行檢測，確認其功能正常無誤後，移交之。

前項公寓大廈之水電、機械設施、消防設施及各類管線不能通過檢測，或其功能有明顯缺陷者，管理委員會或管理負責人得報請主管機關處理，其歸責起造人者，主管機關命起造人負責修復改善，並於1個月內，起造人再會同管理委員會或管理負責人辦理移交手續。

第58條
☆☆☆
◯check

公寓大廈起造人或建築業者，非經領得建造執照，不得辦理銷售。公寓大廈之起造人或建築業者，不得將共用部分，包含<u>法定空地</u>、<u>法定停車空間</u>及<u>法定防空避難設備</u>，讓售於特定人或為區分所有權人以外之特定人設定專用使用權或為其他有損害區分所有權人權益之行為。

第59條
☆☆☆
◯check

區分所有權人會議召集人、臨時召集人、起造人、建築業者、區分所有權人、住戶、管理負責人、主任委員或管理委員有第四十七條、第四十八條或第四十九條各款所定情事之一時，他區分所有權人、利害關係人、管理負責人或管理委員會得列舉事實及提出證據，報直轄市、縣(市)主管機關處理。

第59-1條
☆☆☆
◯check

直轄市、縣(市)政府為處理有關公寓大廈爭議事件，得聘請資深之專家、學者及建築師、律師，並指定公寓大廈及建築管理主管人員，組設公寓大廈爭議事件調處委員會。

前項調處委員會之組織，由內政部定之。

第60條
☆☆☆
〇check

規約範本，由中央主管機關定之。第五十六條規約草約，得依前項規約範本制作。

第61條
☆☆☆
〇check

第六條、第九條、第十五條、第十六條、第二十條、第二十五條、第二十八條、第二十九條及第五十九條所定主管機關應處理事項，得委託或委辦鄉(鎮、市、區)公所辦理。

第62條
☆☆☆
〇check

本條例施行細則，由中央主管機關定之。

第63條
☆☆☆
〇check

本條例自公布日施行。

公寓大廈條例

第六章

公寓大廈管理條例施行細則

民國 94 年 11 月 16 日

第1條
☆☆☆
◯check

本細則依公寓大廈管理條例(以下簡稱本條例)第六十二條規定訂定之。

第2條
★☆☆
◯check

本條例所稱區分所有權比例,指區分所有權人之專有部分依本條例第五十六條第三項測繪之面積與公寓大廈專有部分全部面積總和之比。建築物已完成登記者,依登記機關之記載為準。

同一區分所有權人有數專有部分者,前項區分所有權比例,應予累計。但於計算區分所有權人會議之比例時,應受本條例第二十七條第二項規定之限制。

第3條
★☆☆
◯check

本條例所定區分所有權人之人數,其計算方式如下:

一、 區分所有權已登記者,按其登記人數計算。但數人共有一專有部分者,以1人計。

二、 區分所有權未登記者，依本條例第五十六條第一項圖說之標示，每一專有部分以1人計。

第4條
★★☆
○check

本條例第七條第一款所稱公寓大廈本身所占之地面，指建築物外牆中心線或其代替柱中心線以內之最大水平投影範圍。

第5條
★★☆
○check

本條例第十八條第一項第一款所定按工程造價一定比例或金額提列公共基金，依下列標準計算之：

一、 新臺幣1000萬元以下者為20‰。

二、 逾新臺幣1000萬元至新臺幣1億元者，超過新臺幣1000萬元部分為15‰。

三、 逾新臺幣1億元至新臺幣10億元者，超過新臺幣1億元部分為5‰。

四、 逾新臺幣10億元者，超過新臺幣10億元部分為3‰。

前項工程造價，指經直轄市、縣(市)主管建築機關核發建造執照載明之工程造價。

政府興建住宅之公共基金，其他法規有特別規定者，依其規定。

第6條
☆☆☆
○check

本條例第二十二條第一項第一款所稱區分所有權總價，指管理負責人或管理委員會促請該區分所有權人或住戶改善時，建築物之評定標準價格及當期土地公告現值之和。

第7條
★☆☆
○check

本條例第二十五條第三項所定由區分所有權人互推1人為召集人，除規約另有規定者外，應有區分所有權人2人以上書面推選，經公告10日後生效。

前項被推選人為數人或公告期間另有他人被推選時，以推選之區分所有權人人數較多者任之；人數相同時，以區分所有權比例合計較多者任之。新被推選人與原被推選人不為同1人時，公告日數應自新被推選人被推選之次日起算。

前二項之推選人於推選後喪失區分所有權人資格時，除受讓人另為意思表示者外，其所為之推選行為仍為有效。

區分所有權人推選管理負責人時，準用前三項規定。

公寓大廈細則

第8條
☆☆☆
○check

本條例第二十六條第一項、第二十八條第一項及第五十五條第一項所定報備之資料如下：

一、成立管理委員會或推選管理負責人時之全體區分所有權人名冊及出席區分所有權人名冊。

二、成立管理委員會或推選管理負責人時之區分所有權人會議會議紀錄或推選書或其他證明文件。

直轄市、縣(市)主管機關受理前項報備資料，應予建檔。

第9條
☆☆☆
○check

本條例第三十三條第二款所定無線電臺基地臺等類似強波發射設備，由無線電臺基地臺之目的事業主管機關認定之。

第10條
☆☆☆
○check

本條例第二十六條第一項第四款、第三十五條及第三十六條第八款所稱會計憑證，指證明會計事項之原始憑證；會計帳簿，指日記帳及總分類帳；財務報表，指公共基金之現金收支表及管理維護費之現金收支表及財產目錄、費用及應收未收款明細。

第11條

☆☆☆
○check

本條例第三十六條所定管理委員會之職務，除第七款至第九款、第十一款及第十二款外，經管理委員會決議或管理負責人以書面授權者，得由管理服務人執行之。但區分所有權人會議或規約另有規定者，從其規定。

第12條

☆☆☆
○check

本條例第五十三條所定其共同設施之使用與管理具有整體不可分性之集居地區，指下列情形之一：

一、依建築法第十一條規定之一宗建築基地。

二、依非都市土地使用管制規則及中華民國92年3月26日修正施行前山坡地開發建築管理辦法申請開發許可範圍內之地區。

三、其他經直轄市、縣(市)主管機關認定其共同設施之使用與管理具有整體不可分割之地區。

第13條

★☆☆
○check

本條例所定之公告，應於公寓大廈公告欄內為之；未設公告欄者，應於主要出入口明顯處所為之。

第14條

☆☆☆
○check

本細則自發布日施行。

建築法規隨身讀(第一冊)

作　　者：江　軍 彙編
企劃編輯：郭季柔
文字編輯：江雅鈴
設計裝幀：張寶莉
發 行 人：廖文良

發 行 所：碁峰資訊股份有限公司
地　　址：台北市南港區三重路 66 號 7 樓之 6
電　　話：(02)2788-2408
傳　　真：(02)8192-4433
網　　站：www.gotop.com.tw
書　　號：ACR01000001
版　　次：2021 年 09 月初版
建議售價：NT$990（全套五冊）

國家圖書館出版品預行編目資料

建築法規隨身讀 / 江軍彙編. -- 初版. -- 臺北市：碁
峰資訊, 2021.09
　　冊；　公分
　　ISBN 978-986-502-879-4(全套；平裝)
　　1.營建法規
441.51　　　　　　　　　　　　　　　110009873

讀者服務